普通高等学校艺术设计专业"十三五"规划教材

CorelDRAW
基础与实例

主编　周　序　刘冠南

副主编　王　欣　吴欣欣　梁　季　梁骐麒

江苏大学出版社
JIANGSU UNIVERSITY PRESS

镇　江

内容简介

本书是一本全方位、多角度讲解 CorelDRAW2018 进行矢量图形设计的案例项目式教材，注重案例的实用性和精美度。编者结合多年的项目设计制作经验及教学过程中的心得体会，精心安排并设计了本书的内容和结构，按照"基础知识＋项目实训"的结构形式对本书进行了统一划分，图文并茂，清晰有序，语言通俗易懂，操作案例翔实生动，方便零基础的读者由浅入深地学习，循序渐进地提升 CorelDRAW 图形设计能力。

本书不仅适用于 IT 行业、广告、传媒、杂志、会展，以及传统行业市场部门设计人员，也适合高等院校、培训学校及其相关专业的人员学习，还可以作为图形设计爱好者的自学参考资料，是一本实用的软件设计类宝典。

图书在版编目（CIP）数据

CorelDRAW基础与实例 / 周序, 刘冠南主编. -- 镇江：江苏大学出版社, 2020.1
ISBN 978-7-5684-1251-3

Ⅰ.①C… Ⅱ.①周… ②刘… Ⅲ.①图形软件 Ⅳ.①TP391.412

中国版本图书馆CIP数据核字（2020）第005873号

CorelDRAW基础与实例
CorelDRAW Jichu yu Shili

主　　编 / 周　序　刘冠南
责任编辑 / 苏春晶　吴昌兴
出版发行 / 江苏大学出版社
地　　址 / 江苏省镇江市梦溪园巷30号（邮编：212003）
电　　话 / 0511-84446464（传真）
网　　址 / http://press.ujs.edu.cn
印　　刷 / 南京孚嘉印刷有限公司
开　　本 / 787mm×1 092 mm　1/16
印　　张 / 15.75
字　　数 / 335千字
版　　次 / 2020年1月第1版　2020年1月第1次印刷
书　　号 / ISBN 978-7-5684-1251-3
定　　价 / 59.80元

如有印装质量问题请与本社营销部联系（电话：0511-84440882）

序

Introduction

当今中国经济的迅猛发展举世瞩目，社会对于设计类人才的需求急速扩增。艺术教育与社会的经济、技术、信息、生活、社会文化及市场营销等密切关联，并在社会的构造中起着重要的作用。快速发展的社会形势迫切呼唤具备创意策划能力、设计能力和软件操作能力的高素质、应用型艺术设计人才。

本书由浅入深地讲解了CorelDRAW在不同领域设计方面的应用，旨在"以培养高质量应用型人才为目标，以学生就业为导向"。编写过程中结合选用了当今行业中比较成功的实例，制作技术和实际项目紧密结合，旨在提高人才培养的能力和水平，更好地满足经济社会发展对应用型人才的需求。本书具有如下特点：

★ 内容丰富、图文并茂

本书合理安排基础知识和实践知识的比例，基础知识以"必需、够用"为度，内容系统全面，图文并茂。

★ 结构合理、实例典型

本书以培养实用型和应用型人才为目标，精心安排了实例讲解，每个实例介绍一项技巧，以便读者在短时间内掌握软件应用的操作方法，从而顺利解决实践工作中的问题。

★ 与实际工作相结合

注重学生素质的培养，与企业一线人才要求对接，在理论教学和实践教学方面均有创新，将教育、训练、设计应用三者有机结合，使学生一毕业就能胜任工作，增强学生的就业竞争力。

武汉大学 副教授 硕士研究生导师

前 言

Preface

　　CorelDRAW 自推出之日起就深受平面设计人员的喜爱，是当今最流行的矢量图形设计软件，被广泛应用于平面设计、包装装潢、彩色出版等领域。

　　本书通过实际的项目训练制作，让读者在软件应用上与不同设计领域进行快速对接，达到即学即用的效果。通过此书，让更多的学习爱好者不仅懂得使用软件，更懂得在不同的设计领域应该怎样应用软件。本书在策划上针对目前软件学习中"会使不会用"的弊端，采用了"基础知识＋项目实训"的结构形式，突出对软件的应用。这种实用性也是当前读者市场的需求方向之一，本书在项目实训的实际内容制定时，对此款软件在不同设计领域的应用度进行了调查，根据调查数据分析，进行明确的项目实训内容设置。

　　本书的参考学时为 48 学时，各章的学时参考下面的学时分配表。

章　节		课程内容	教学环节	
			讲授 / 学时	实训 / 学时
第一篇　第一章		CorelDRAW 的认识	1	0
第一篇　第二章		图形图像认知	1	0
第一篇　第三章		CorelDRAW 软件基础	1	1
第一篇　第四章		基础工具熟知	2	2
第二篇　实训一		平面广告设计	4	4
第二篇　实训二		VI 设计	4	4
第二篇　实训三		插画设计	4	4
第二篇　实训四		包装设计	4	4
第二篇　实训五		书籍装帧设计	4	4
总计			48	

本书在编写时虽有心做到完美和创新，但由于水平与时间有限，难免存在错误和不妥之处，希望广大读者在使用过程中提出宝贵意见，给予批评指正。

最后，衷心感谢武汉晴川学院、安徽新华学院、郑州的领导和江苏大学出版社的丛书责任编辑，是他们的大力支持和辛勤劳动，才使本书得以顺利与读者见面。

作者

目 录

C o n t e n t s

第一篇　基础知识

第一章　认识 CorelDRAW

第二章　图形图像认知

第三章 CorelDRAW 软件基础

第四章 基础工具应用

第二篇　项目实训

实训一　平面广告设计 112

第一篇

基础知识

第 一 章

认识 CorelDRAW

1.1 CorelDRAW 发展历史

CorelDRAW 是国内外非常受欢迎的设计软件之一，被广泛应用于平面设计、VI 设计、插图描画、排版等多个领域。CorelDRAW 今天的强大功能，是从诞生开始便不断地更迭出新、不断地优化发展而来的，它也在不断地适应不同领域设计师的需求，追求更加便捷人性化的设计，演变成我们今天所使用的版本。

1989 年 1 月，CorelDRAW 软件诞生，它是第一款适用于 Windows 系统的图形软件，CorelDRAW 1.0 引入运用全彩矢量插图和版面设计程序，这一技术的使用在计算机图形领域掀起了新的技术革新。同年 3 月，CorelDRAW 1.01 更新版本推出，在功能上新增保存时进行备份的功能，支持由中心绘制矩形，对于当时的设计师来说，提高了操作舒适感。4 月，CorelDRAW 1.02 版本推出，该版本支持 IBM 的 PIF 文件格式。7 月，CorelDRAW 1.1 版本推出，新增了 102 个新字体。在不到一年的时间里，CorelDRAW 版本频繁更新，目的是为了适应新环境，提高使用者的工作效率。1990 年 2 月，CorelDRAW 1.11 版本推出，增加了与其他软件格式的兼容性，新增对 AutoCAD 的 DXF 格式的导入 / 导出功能，能够对二维和三维设计图形进行处理。

1991 年 9 月，CorelDRAW 2 在功能上有了更大的突破，引入了合并打印功能，将文本文件与图形文件合并，并可以打印出来。新增封套工具，可将文字或对象作为一个基本形状进行变形；新增调和工具，可将一个形状渐变成另一形状；新增立体化工具，可为一个对象制造纵深感和体积；新增透视效果工具。

1992 年 5 月，CorelDRAW 3 发布，新增了可编辑预览模式，提供了以彩色显示对象的完整细节并进行处理的功能。该版本也是首款适用于 Windows 的图形套件应用程序，新增创建、编辑或修改点阵图像的功能；新增马赛克和描摹位图功能，用于将位图矢量化；支持 UNIX 版 CorelDRAW，集成了 Corel PHOTO-PAINT 组件。

1993 年 5 月，CorelDRAW 4 发布，引入了多页面功能，允许创建多达 999 页的文档。这一功能的出现为许多同时编辑大量文档的设计者提供了更加便捷的模式。此版本还引入了浮动式工具箱，可以根据每个人的操作特点和使用频率，将不需要的工具箱隐藏起来，留出更多工作区域方便操作。

1994 年 5 月，CorelDRAW 5 发布，新增 PostScript 和 TrueType 字体支持功能，新增了一个功能强大的色彩管理系统，成为当时较为专业的排版软件。

1995 年 6 月，CorelDRAW 6 发布，该版本是首款全面支持 Windows 32 位操作系统的图形软件，新增图纸工具，可将最大页面尺寸从 35 英寸×35 英寸增加为 150 英尺×150 英尺，支持可定制的界面；新增了多边形、螺旋、切片和橡皮工具；集成了 Corel Memo、Corel Motion 3D、Corel Depth、Corel Multimedia Manager、Corel Font Master、Corel Presents 和 Corel DREAM 套件。

1997 年 10 月，CorelDRAW 7 发布，新增交互式属性栏，支持用户编写脚本和自动执行功能；新增编写工具，包括自动拼写检查器、辞典和语法检查器等工具；新增打印预览缩放和平移选项，支持发布到 HTML；新增混合工具、透明工具和自然笔工具；支持将矢量转为位图。

1998 年 10 月，CorelDRAW 8 发布，引入多文件导入功能；新增用于操控阴影的交互式阴影工具；新增互式矢量工具；新增用于对线条和节点进行变形的拉链和扭曲工具。

1999 年 8 月，CorelDRAW Graphics Suite 9 发布，从该版本开始软件名称改为 CorelDRAW Graphics Suite，新增了多个调色板，新的调色板编辑器使创建自定义调色板和编辑现有自定义调色板成为可能，支持 Microsoft Visual Basic for Applications 6。

2000 年 11 月，CorelDRAW Graphics Suite 10 发布，支持发布至 PDF 的功能；新增页面排序器视图，使用户能够查看一个文档中所有页面的缩略图，并且拖放页面进行重新排序；对颜色管理器重新进行了全面的设计，将所有基本选项都合并到一个对话框中。

2002 年 8 月，CorelDRAW Graphics Suite 11 发布，引入符号概念，使用户能够创建对象，并将其存储在可重复使用的库中，以便在绘图时多次引用。

2004 年 2 月，CorelDRAW Graphics Suite 12 发布，引入增强文本对齐工具，新增了准确定位、对齐和绘制对象的动态辅助线，支持 Unicode 文本，使用户能够毫不费力地交换文件。

2006 年 1 月，CorelDRAW Graphics Suite X3 发布，引入了一个新的描摹引擎 Corel PowerTRACE，可将位图转换为矢量图形；新增剪切实验室和图像调整实验室，可用于快速改善数码相片质量；新增矢量对象裁剪功能，而此前只有裁剪位图的功能。

2008 年 1 月，CorelDRAW Graphics Suite X4 发布，引入活动文本格式功能，使用户能够先预览文本格式属性，再将其应用于文档；新增交互式表格，支持更多文件格式（包括 PDF 1.7 和 Microsoft Publisher 2007），支持 300 多种相机的原始格式，支持独立页面图层功能；引入联机协作服务（CorelDRAW ConceptShare）；支持字体识别功能。

2010 年 2 月，CorelDRAW Graphics Suite X5 发布，引入 Corel CONNECT 内置内容组织器，引入可实现更准确的颜色控制的新颜色管理引擎，新增多核处理功能，增加扩展的文件兼容性，新增绘图功能（如锁定工具栏选项），以及包括 Web 动画在内的 Web 功能，此版本针对 Windows 7 进行了优化，并提供新触摸屏支持。

2012 年 3 月，CorelDRAW Graphics Suite X6 发布，支持高级 OpenType、新定制的多功能颜色协调和样式工具，改进 64 位和多核支持的性能、可自动调整的页面布局工具，推出完整的自助设计网站工具和创意载体塑造工具，位图和矢量图案填充。

2014 年 3 月，CorelDRAW Graphics Suite X7 发布，优化高级内容组织器，增强空白文档和图像预设，增强模板搜索和预览，增强 Windows 8 触控，新增内容中心，支持 Microsoft OneDrive 同步托盘，欢迎屏幕导航，可选择针对不同熟练程度的用户和特定任务而设计的各种工作区，新增溢出按钮，支持多文档界面，支持渐变填充，新增液态工具，支持透镜矫正。

2016 年 3 月，CorelDRAW Graphics Suite X8 发布，支持 UltraHD 4K 显示器，支持高级多监视器，支持 Windows 10，自定义桌面颜色，完全可扩展和自定义 UI，支持实时触笔、隐藏和显示对象、复制曲线段、选择相邻节点；新增字体管理器；新增字体列表框；新增正确的透视扭曲，支持阴影和高斯模糊功能，扩展创意工具集合，开发人员社区站点，适用于横幅印刷的边框和索环。

2017 年 3 月，CorelDRAW Graphics Suite 2017 发布，新增增强节点、手柄和矢量预览，增强功能强大的触控笔功能，凭借原生对 Microsoft Surface 和高级触摸笔的支持，感受更加自然的绘图体验，并获得更加形象的效果，导入原有工作区 CorelDRAW Graphics Suite 2017 可以无缝导入此前在版本 X6、X7 和 X8 中创建的 CorelDRAW 和 Corel PHOTO-PAINT 工作区。

2018 年 4 月，CorelDRAW Graphics Suite 2018 发布，新增对称绘图模式，实时创建对称设计图，从简单的对象到复杂多变的特效；新增图块阴影工具，通过此交互功能向对象和文本添加实体矢量阴影，缩短准备输出文件的时间；新增对齐与分布节点，使用选择边界框、页边或中心、最近的网格线或指定点对齐并分发节点；新增虚线和轮廓拐角控制，在 CorelDRAW 2018 中通过显示使用虚线的对象、文本和符号的拐角进行更多控制。除了现有的默认设置外，还可以从两个新选项中选择，以创建设计和定义完美的拐角。

通过了解软件的发展演变，读者进一步认识 CorelDRAW 更新换代的功能与不同领域发展的关系。软件的一切更新功能都是为了适应不同领域中遇到的问题，提高效率与质量。我们可以在实际的软件学习过程中利用好软件的相应功能，在实际操作中提高工作效率，激发创作灵感，运用熟练的软件操作呈现脑海中的创造灵感。

1.2 CorelDRAW 应用领域

CorelDRAW 不断优化完善发展更新，在平面广告设计、标志设计、插画设计、包装设计、书籍装帧设计、服装设计等众多应用领域都可以看到它的身影。

我们在学习 CorelDRAW 的过程中，一定要结合不同应用领域的需求有针对性进行学习，避免只学会软件操作而忽略了软件的应用。

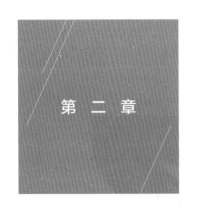

第 二 章

图形图像认知

学习 CorelDRAW 就要了解图形，软件设计出的效果都是由不同图形的组合变化呈现的。计算机图形中的两大概念是位图和矢量图，这两种图形被广泛应用到出版、印刷、广告、网络等方面，它们各有优缺点。在学习软件之前，需要进一步了解矢量图与位图的特点，为后期学习打好理论基础。

2.1　矢量图与位图

2.1.1　矢量图

矢量图，也称作向量图，是一种缩放不失真的图像格式。矢量图是通过多个对象的组合生成的，对其中的每一个对象的记录方式，都是通过数学函数来实现的。也就是说，矢量图实际上并不是像位图那样记录画面上每一点的信息，而是记录了元素形状及颜色的算法，当你打开一幅矢量图的时候，软件会对每个对象所对应的函数进行运算，将运算结果显示呈现。无论显示画面是大还是小，画面上对应的算法是不变的。所以，即使对画面进行倍数相当大的缩放，其显示效果仍然不失真，不管你离得多近去看，也不会看到图形的最小单位，如图 2-1 所示。

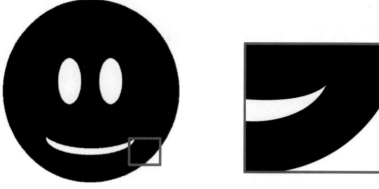

图 2-1 矢量图放大效果

矢量图的优点是，对轮廓的形状更容易修改和控制。缺点是很多矢量图形都需要通过专门设计的程序才能打开浏览和编辑。

常用的矢量文件格式有 [.ai][.eps][.cdr][.fh][.fla][.swf][.dwg][.wmf][.emf] 等。

2.1.2 位图

位图，也叫作点阵图、删格图像、像素图，简单地说，就是记录画面上每一点的信息的图，缩放会失真。构成位图的最小单位是像素，位图就是通过像素阵列的排列来实现其显示效果的，每个像素有自己的颜色信息，在对位图图像进行编辑操作时，可操作的对象是每个像素。我们可以改变像素的色相、饱和度、明度，从而改变图像的显示效果，如图 2-2 所示，放大的位图可以看到像素点。位图图像就好比用沙子画的图像，从远处看的时候，画面细腻多彩，但是靠得非常近的时候，能看到组成画面的每粒沙子及每个沙粒单纯的不可变化的颜色。

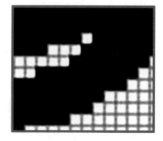

图 2-2 位图放大效果

位图的优点是色彩变化丰富，编辑时可以改变任何形状的区域的色彩显示效果。同时，要实现的效果越复杂，需要的像素数越多，图像文件的大小和体积需要的存储空间就越大。

常用的位图文件格式为 [.psd][.tif][.rif][.jpg][.gif][.png][.bmp] 等。

矢量图转化成位图很容易，但是位图转化为矢量图却并不容易，往往需要比较复杂的运算和手动调节。矢量图和位图在应用上也是可以相互结合的，比如在矢量文件中嵌入位图可以实现特殊的效果。

2.2 色彩模式

色彩模式是我们通过计算机平台利用设计软件制作图形图像必须理解的一个概念。色彩模式是数字世界中表示颜色的一种算法模式，显示器、投影仪、扫描仪、打印机、印刷机这类靠使用色彩显示的设备在生成颜色方式上有着不同色彩计算模式。因此，显示器显示颜色与打印输出颜色是完全不同的两种颜色模式，我们日常设计的图形图像会应用于不同的领域，因此，了解不同的色彩模式的特性十分必要。软件常用的颜色模式有 RGB、CMYK、HSB、Lab 色彩模式，以及黑白模式、灰度模式、双色调模式、索引颜色模式、多通道模式、8 位 /16 位通道模式等。

2.2.1 RGB 色彩模式

RGB 色彩模式也称为色光三原色，即 R（red）红、G（green）绿、B（blue）蓝，如图 2-3 所示。RGB 的颜色阶调为 0~255，由于 RGB 是色光，所以颜色越叠加就越亮，当 RCB 三个颜色的数值皆是 255 时，就会变成白色，反之 RGB 三个颜色数值都是 0 时，就变成黑色。RGB 色彩模式是一种常见的模式，只要屏幕上显示的图像，就一定是以 RGB 模式呈现的。

图 2-3 RGB 色彩模式图

2.2.2 CMYK 色彩模式

CMYK 模式也称作印刷四色，如图 2-4 所示。CMYK 模式多用于出版印刷行业，C（Cyan）青色、M（Magenta）洋红色、Y（Yellow）黄色、K（Black）黑色，K 取的是 black 最后一个字母，之所以不取首字母，是为了避免与蓝色（Blue）混淆。理论上来说，只

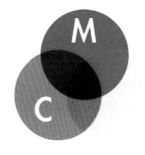

图 2-4 CMYK 色彩模式图

需要 CMY 三种油墨就足够了，它们三个加在一起应该得到黑色。但是实际制造工艺中，CMY 相加的结果是一种暗红色，因此还需要加入一种专门的黑墨来中和。CMYK 模式一般用于印刷或大图输出。与 RGB 色彩模式刚好相反，CMYK 在颜色的叠加是越加越深，所以称为减色法，它和 RGB 相比有一个很大的不同：RGB 模式是一种发光的色彩模式，人眼在一间黑暗的房间内仍然可以看见屏幕上的内容；CMYK 是一种依靠外界光源反光的色彩模式，人眼在黑暗的房间是看不到印刷品的，要通过阳光或灯光照射到印刷品上，再反射到人眼中，才能看到内容。

2.2.3　HSB 色彩模式

HSB 模式是基于人眼对色彩的观察来定义的，H（Hue）色度，S（Saturation）饱和度，B（Brightness）亮度。从物理学上讲，一般颜色需要具有色度、饱和度和亮度这 3 个要素，HSB 色彩模式便是基于此种物理关系所制定的色彩标准。色度表示颜色的面貌特质，是区别颜色种类的必要名称，如黄色、橙色和红色；饱和度表示颜色纯度的高低，表明一种颜色中含有多少白色或黑色成分；亮度表示颜色的明暗强度关系。

2.2.4　Lab 色彩模式

Lab 模式是通过一个亮度分量 L 及两个颜色分量 a 和 b 来表示色彩的。L（Lightness）代表光亮度强弱，它的数值范围在 0~100；a 代表从绿色到红色的光谱变化，数值范围在 –128~127；b 代表从蓝色到黄色的光谱变化，数值范围在 –128~127。

Lab 模式所包含的颜色范围最广，能够包含 RGB 和 CMYK 模式中的所有颜色。CMYK 模式所包含的颜色最少，有些在屏幕上可看到的颜色在印刷品上却无法实现。

Lab 色彩模式常被用于图像或图形的不同色彩模式之间的转换，通过它可以将各种色彩模式在不同系统或者平台之间进行转换，因为该色彩模式是独立于设备的色彩模式。

2.2.5　灰度模式

灰度模式可以使用多达 256 级灰度来表现图像，使图像的过渡更平滑细腻。灰度图像的每个像素有一个 0（黑色）到 255（白色）之间的亮度值。灰度值也可以用黑色油墨覆盖的百分比来表示（0% 等于白色，100% 等于黑色）。使用黑色或灰度扫描仪产生的图像常以灰度显示。

2.2.6 双色调模式

双色调模式采用 2~4 种彩色油墨，由双色调（2 种颜色）、三色调（3 种颜色）和四色调（4 种颜色）混合其色阶来组成图像。在将灰度图像转换为双色调模式的过程中，可以对色调进行编辑，产生特殊的效果。使用双色调模式的优点是可以使用尽量少的颜色表现尽量多的颜色层次，这对于减少印刷成本是很重要的，因为在印刷时，每增加一种色调也意味着印刷成本的增加。

2.2.7 索引颜色模式

索引颜色模式是网络和动画中常用的图像模式，当彩色图像转换为索引颜色的图像后包含近 256 种颜色。索引颜色图像包含一个颜色表。

2.2.8 多通道模式

多通道模式对有特殊打印要求的图像非常有用。例如，如果图像中只使用了一两种或两三种颜色，使用多通道模式可以减少印刷成本并保证图像颜色的正确输出。

2.2.9 8 位 /16 位通道模式

在灰度、RGB 或 CMYK 模式下，可以使用 16 位通道来代替默认的 8 位通道。默认情况下，8 位通道中包含 256 个色阶，如果增到 16 位，每个通道的色阶数量为 65 536 个，这样能得到更多的色彩细节。Photoshop 可以识别和输入 16 位通道的图像，但对于这种图像限制很多，所有的滤镜都不能使用。另外，16 位通道模式的图像不能被印刷。

2.3 文件格式

在设计完成作品后，存储文件时可以根据需要选择不同的存储格式。常用的文件存储格式有以下几种。

2.3.1 CDR 格式

CDR 格式是 CorelDRAW 软件专用的文件格式，所以 CDR 格式可以记录文件的属性、位置和分页等。CDR 文件格式只能在 CorelDRAW 中打开。

2.3.2　BMP 格式

BMP 格式是一种与硬件设备无关的图像文件格式，使用非常广。它采用位映射存储格式，除了图像深度可选以外，不采用其他任何压缩，因此，BMP 文件所占用的空间很大。由于 BMP 文件格式是 Windows 环境中交换与图有关的数据的一种标准，因此，在 Windows 环境中运行的图形图像软件都支持 BMP 图像格式。

2.3.3　GIF 格式

GIF 格式的原意是图像互换格式，是 Compu Serve 公司在 1987 年开发的图像文件格式。GIF 文件的数据是一种基于 LZW 算法的连续色调的无损压缩格式，其压缩率一般在 50% 左右，不属于任何应用程序。目前，几乎所有相关软件都支持 GIF 格式，公共领域有大量的软件在使用 GIF 图像文件。

2.3.4　JPEG 格式

JPEG 格式是 Joint Photographic Experts Group（联合图像专家组）的缩写，文件后缀名为".jpg"或".jpeg"，是最常用的图像文件格式。JPEG 格式由一个软件开发联合会组织制定，是一种有损压缩格式，能够将图像压缩在很小的储存空间，图像中重复或不重要的资料会丢失，因此容易造成图像数据的损伤。

JPEG 格式的应用非常广泛，特别是在网络和光盘读物上都能找到它的身影。目前，各类浏览器均支持 JPEG 图像格式，因为 JPEG 格式的文件尺寸较小，下载速度快。

2.3.5　TIFF 格式

TIFF 是 Tagged Image File Format 的缩写。作为一种标记语言，TIFF 格式与其他文件格式最大的不同在于除了图像数据外，它还可以记录很多图像的其他信息。由于其可扩展性，TIFF 格式在数字影响、遥感、医学等领域中均得到了广泛的应用。

第 三 章

CorelDRAW 软件基础

3.1　CorelDRAW 工作界面

学习一款软件，首先要对软件的工作界面有初步的了解，如图 3-1 所示，了解工作区中各个部件的功能，能极大提高设计师的工作效率。

① 标题栏：标题栏在整个软件窗口的最上方，显示该软件当前打开文件的名称，以及当前选定绘图的标题的区域，右上角可以窗口最小化、窗口最大化或关闭文件窗口。

② 菜单栏：标题栏的下方是菜单栏，菜单栏中放置 CorelDRAW 中常用的一些菜单命令，在每个菜单命令下用鼠标点击会展现具体的功能和命令，如图 3-2 所示。

③ 标准工具栏：菜单栏下方是标准工具栏，包括一些常用的工具，单击这些图标可执行新建、打开、保存文档、打印、复制、粘贴、撤销等操作命令。标准工具栏是为了节省从菜单栏选择命令的时间，提高设计师的工作效率。

④ 属性栏：包含与活动工具或对象相关的命令的可分离栏，不同的工具会显示不同的属性项。例

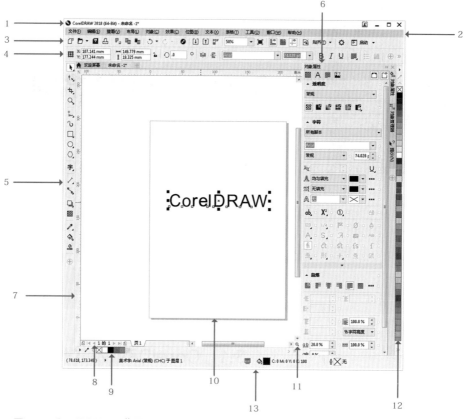

图 3-1　CorelDRAW 工作界面

图 3-2　菜单栏

如，文本工具为活动状态时，属性栏上将显示文本的相关属性，如文字的大小、字体、颜色等，可通过属性栏对文本进行编辑，如图 3-3 所示。初步学习前可点击不同的工具，观察属性栏，观察相应工具的属性特征，进行更好的了解。

　⑤ 工具箱：工具箱位于属性栏的左侧下方，包含绘图时用于创建、填充和修改的常用工具。工具栏工具右下角有黑色三角形，可以按住鼠标左键不放，此时会显示隐藏的工具栏，选取所需要的工具，如图 3-4 所示。

图 3-3　属性栏

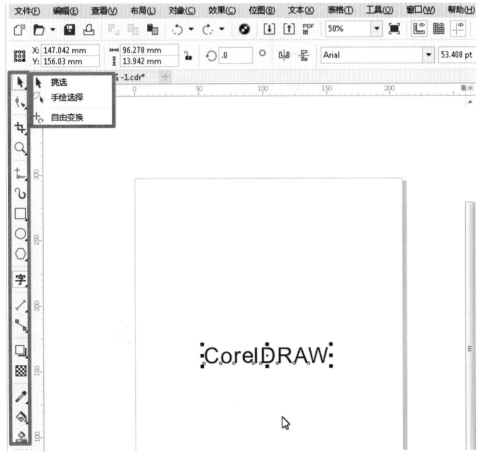

图 3-4　工具箱

⑥ 泊坞窗：放置软件中的各种管理器和编辑命令的工作面板，泊坞窗的一些面板可以从菜单栏【窗口】→【泊坞窗】中调出，如图3-5所示。

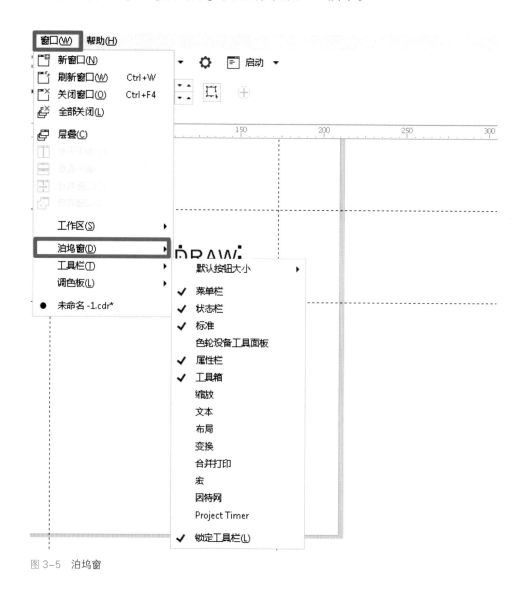

图 3-5 泊坞窗

⑦ 标尺：标尺工具可以让使用者精确地进行绘制或者进行精确的对齐，这也是设计师平时在绘制过程中经常用到的参考工具，点击鼠标左键不放，可从标尺工具栏中向右或者向下拉出辅助线，如图3-6所示。

如果在窗口中未发现标尺工具栏，可以从菜单栏【查看】→【标尺】调出，如图3-7所示。

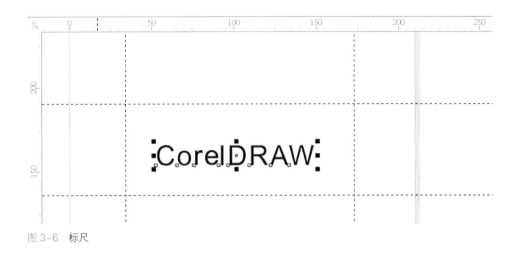

图 3-6　标尺

图 3-7　从菜单栏调出标尺

⑧ 文档导航器：用于在页面之间移动和添加页面控件的一个工具。

⑨ 文档调色板：包含当前文档色样的泊坞栏。

⑩ 绘图区：可以根据实际尺寸的需要对绘图区域的尺寸进行修改，如图 3-8 所示。

图 3-8　绘图区尺寸设置

⑪ 导航器：可以打开一个小小的显示窗口，帮助用户在绘图时进行移动操作，如图 3-9 所示。

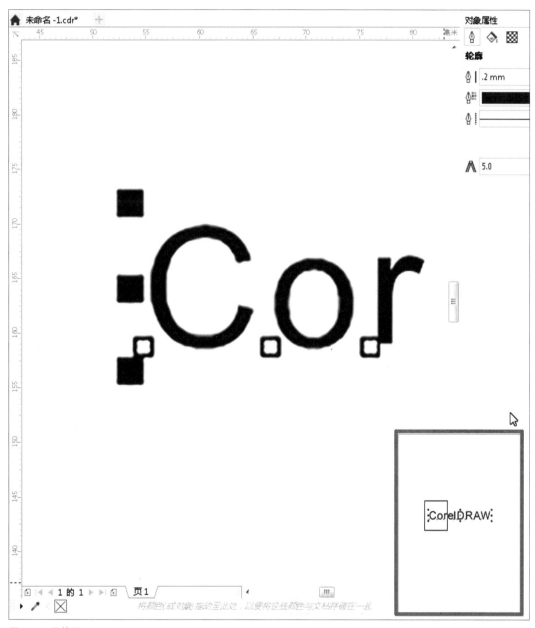

图 3-9　导航器

⑫ 调色板：调色板在整个窗口的右侧，CorelDRAW 默认的是 CMYK 调色板，可以从菜单栏【窗口】→【调色板】中调出所需的调色板，如图 3-10 所示。

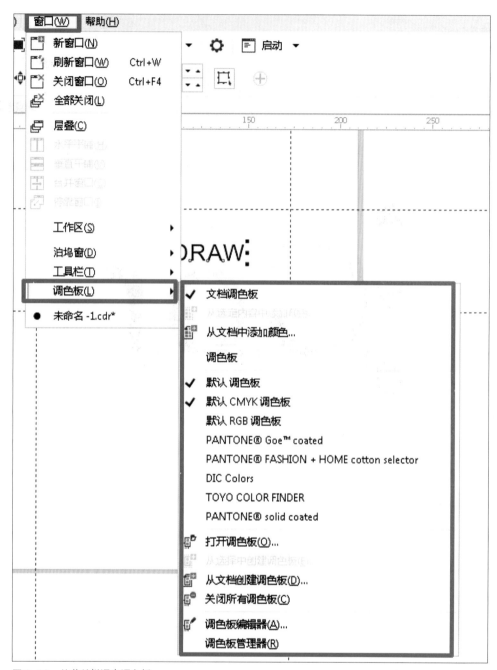

图 3-10　从菜单栏调出调色板

⑬ 状态栏：状态栏位于工作界面的最下方，主要给用户提供操作绘图时的一些信息提示，帮助用户了解对象用户的信息。单击信息栏三角按钮，会显示不同的信息，供用户选择，如图 3-11 所示。

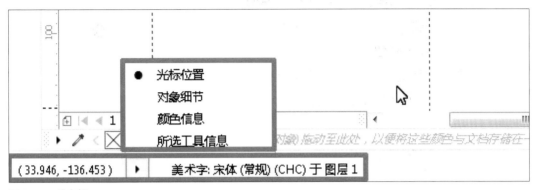

图 3-11　状态栏

熟悉了解 CorelDRAW 工作界面的布局和功能，有助于大家在实际操作中提高工作效率，事半功倍。

3.2　CorelDRAW 基本操作

3.2.1　新建与保存文档

启动 CorelDRAW 软件后，弹出欢迎界面，点击【新建文档】进行新建，如图 3-12 所示。

图 3-12　新建文档

也可以从菜单栏【文件】→【新建】创建新文档，如图 3-13 所示。

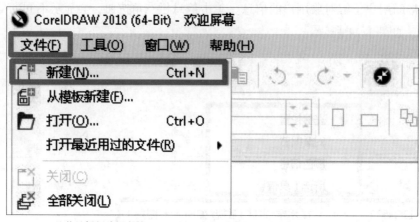

图 3-13　从菜单栏创建新文档

新建文档后会弹出创建新文档对话框，如图 3-14 所示。对话框中有名称、预设目标文档大小、宽度、高度、页码、原色模式、渲染分辨率等一系列文档属性，设计者可根据实际工作需要进行设置。

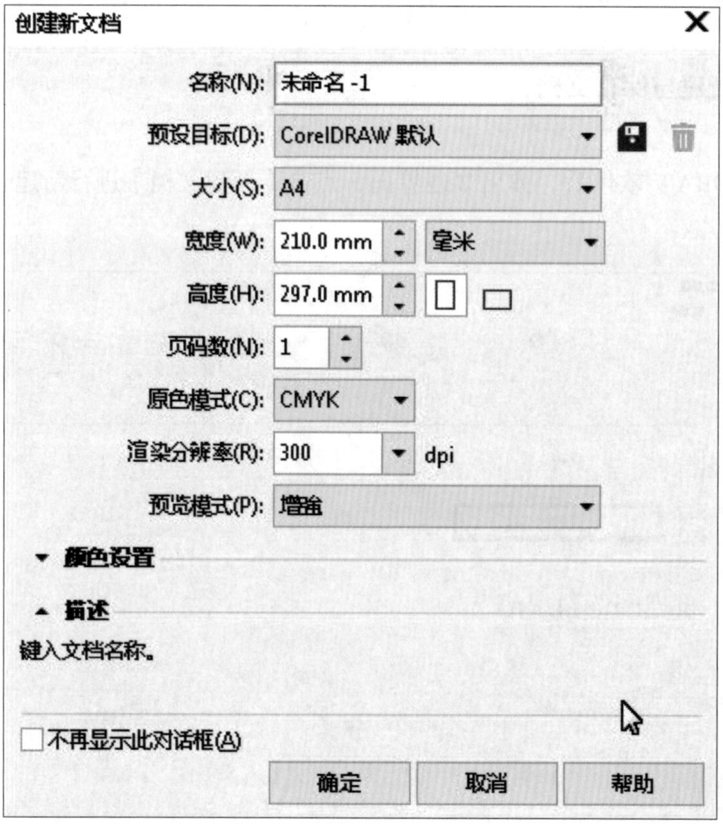

图 3-14　新文档对话框

新建文档编辑后，为防止文件丢失，需要及时进行保存，可通过菜单栏【文件】→【保存】保存文档，如图 3-15 所示。

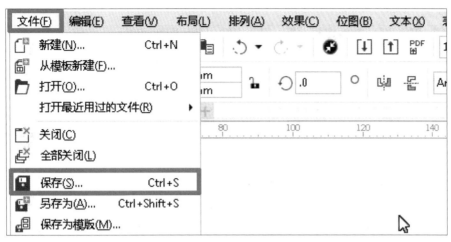

图 3-15　文件保存

点击保存后，会弹出如图 3-16 所示的对话框，可以选择文档所存储的路径，便于查找和管理；在对话框保存类型中，可选择不同的文件格式进行保存。

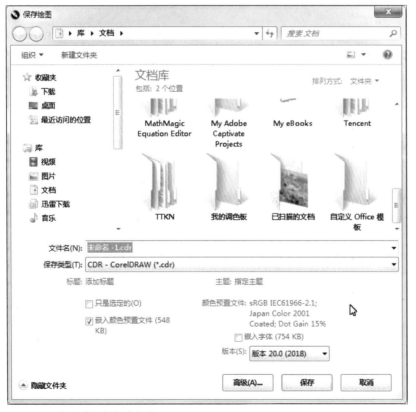

图 3-16　文件路径与格式存储

在繁忙的工作阶段有时会忘记保存，我们可以通过软件设置指定路径自动备份，单击标准工具栏上的选项按钮，如图 3-17 所示。在弹出的对话框中选择【工作区】→【保存】，可以对存储路径和自动备份间隔时间进行设置。

图 3-17　设置自动备份

3.2.2　打开与关闭文档

打开文档进入欢迎界面后，点击【打开文档】，如图 3-18 所示；或者可通过菜单栏【文件】→【打开】打开文档，如图 3-19 所示。

图 3-18　打开文档

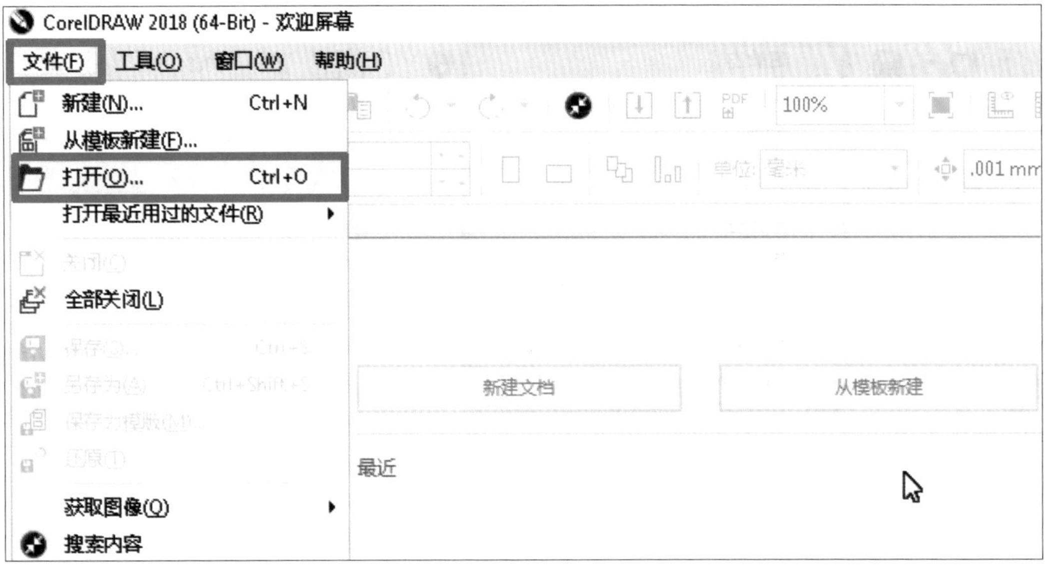

图 3-19　从菜单栏打开文档

操作完成后，进行文档的关闭，可通过菜单栏【文件】→【关闭】或【全部关闭】关闭文档，如图 3-20 所示；也可直接点击标题栏右上角的关闭按钮。

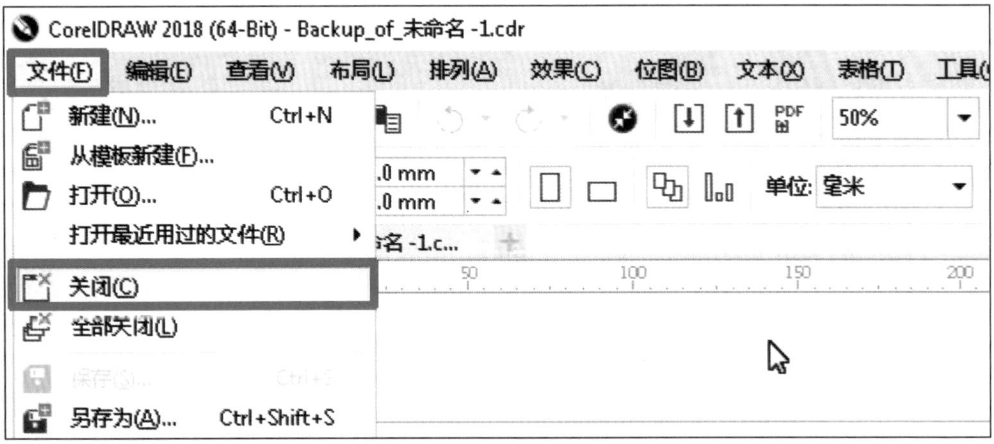

图 3-20　关闭文档

3.2.3　视图显示模式和缩放

在日常的软件操作过程中，我们会对图形的一些细节进行修改和完善，可以根据实际的画面图像内容选择合适的视图显示模式。CorelDRAW 软件中提供了多种视图显示模式，从菜单栏的【查看】下拉会显示不同的视图显示模式，如图 3-21 所示，不同的显示模式直接影响屏幕成像效果和速度。

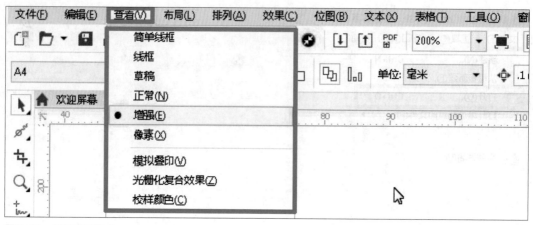

图 3-21　视图显示模式

增强：软件默认为增强视图显示模式，此模式下，图像细致、信息全面、分辨率高、细节平滑、电脑内存占用较多，如图 3-22 所示。

图 3-22　视图增强模式

简单线框：只显示图形的外框轮廓，不显示渐变色彩，在此种模式下绘制的任何图形都只有轮廓外框，如图 3-23 所示。

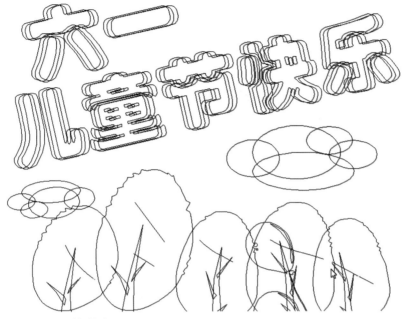

图 3-23 视图简单线框模式

线框：线框模式效果与简单线框模式效果相似，只显示立体模型轮廓，中间调和形状，显示效果比简单线框细致，效果如图 3-24 所示。

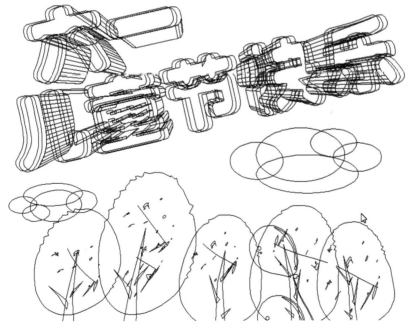

图 3-24 视图线框模式

草稿：草稿模式能够显示原有图像基本色彩，但是以低分辨率进行显示，图像不够
细腻，渐变色会以单色显示，如图 3-25 所示。

图 3-25　视图草稿模式

正常：以较高分辨率显示位图，其他图形正常显示，如图 3-26 所示。在此模式下
刷新和打开图片的速度比增强模式稍快。

图 3-26　视图正常模式

像素：以位图的显示方式显示矢量图形预览效果，方便设计师了解矢量图输出成位图的效果，放大时会呈现位图像素，如图 3-27 所示。

放大缩小功能在实际的预览过程中也是使用频率较高的，图标为左侧工具栏的放大镜按钮，如图 3-28 所示。通过放大镜可以缩放图形在视窗中的比例，方便设计师对图形进行局部浏览，对整体进行规划。单击放大镜按钮，鼠标会变成一个有

图 3-27　视图像素模式

加号的放大镜，此时单击鼠标左键图像会放大；鼠标右键单击放大镜中加号时，鼠标会变成带减号的放大镜，此时单击鼠标左键可缩小图像。按住鼠标左键拖动时会出现矩形虚线，松开鼠标左键后，矩形区域内的图像被放大，如图 3-29 所示。

图 3-28　放大缩小工具

图 3-29　放大效果

读者在了解了不同视图模式下的显示效果和放大缩小的方式方法后，可根据自己所绘图形的内容和电脑配置的实际情况选择合适的视图模式。

3.2.4　辅助线设置

在包装广告海报设计过程中，一些内部图形需要通过辅助线来固定尺寸，辅助绘图可以大大提高工作的准确性和效率，辅助绘图工具主要有标尺、辅助线和网格。

从标尺横向和纵向拉出辅助线，选择标准工具栏中的选项按钮，弹出选项对话框，选择文档下拉选项的辅助线，可以修改辅助线显示颜色，如图 3-30 所示，修改辅助线颜色是为了方便在同底色绘图环境下清晰显示不同辅助线。

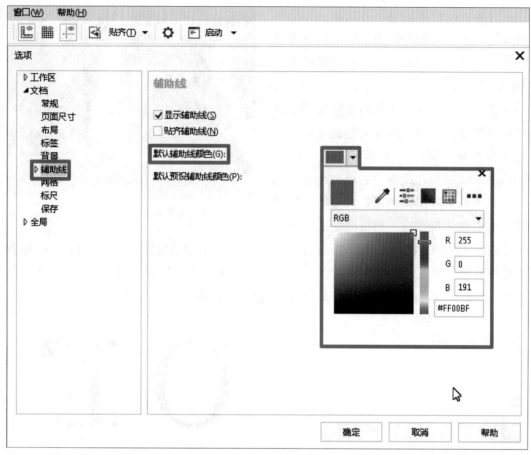

图 3-30　辅助线色彩设置

　　在绘制图形的时候，图形会自动向辅助线吸附，辅助线可以让图形的绘制和移动更加准确，如图 3-31 所示。

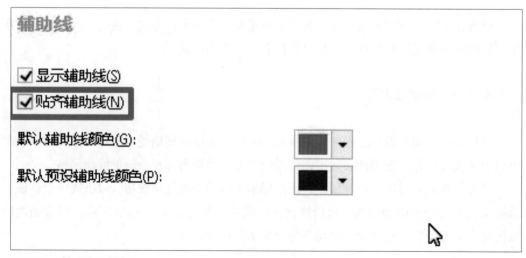

图 3-31　辅助线吸附设置

当辅助线显示于窗口时，再次单击辅助线，可以对辅助线进行旋转操作，如需具体的角度数值，可以在属性栏里输入，如图 3-32 所示。

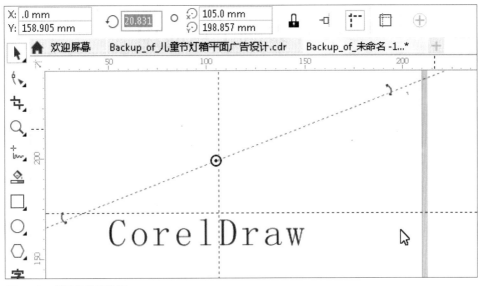

图 3-32　辅助线角度设置

实际设计过程中，一些十分精确的数值可以通过标准工具栏中的选项来进行设定，如图 3-33 所示。

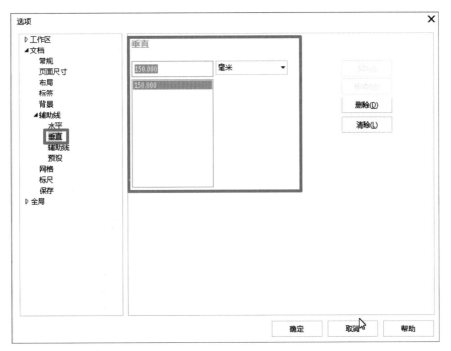

图 3-33　辅助线精确设置

第 四 章

基础工具应用

4.1 对象的选择

4.1.1 选择工具

选择工具是软件操作中最基础、最常用的工具，主要作用是选择工作界面中的不同图形。选择工具组包含挑选、手绘选择、自由变换三种工具，用挑选工具选择图形，被选中的图形将处于可编辑状态，如图 4-1 所示。

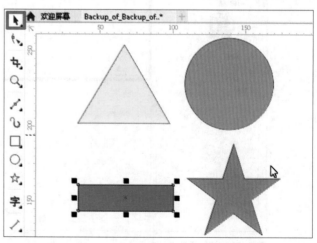

图 4-1　图形选择

如果遇到如图 4-2 所示的复杂的叠加图形，想要选择其中某一个图形，可在挑选工具状态下按住【Alt】键单击，每单击一次，挑选工具会自行向下进行图形的选择，依此可选择自己所需要的图形，如图 4-3 所示。

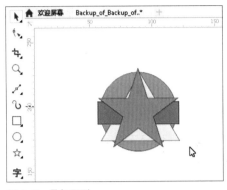

图 4-2　叠加图形

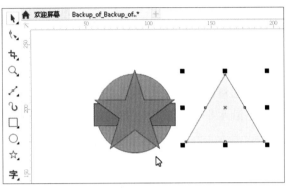

图 4-3　叠加图形选择

很多情况下一些图形需要进行不同角度的旋转调整，用挑选工具选择此图形，图形处于编辑状态下，周围呈现 8 个编辑方块点形，如图 4-4 所示；再次单击鼠标左键，图形处于旋转编辑状态，如图 4-5 所示；拖动角旋转图形，如果要以 15° 增量旋转对象，在拖动时可按住【Ctrl】键。

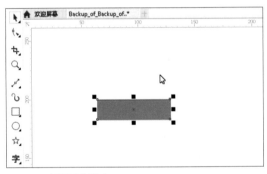

图 4-4　矩形选择状态

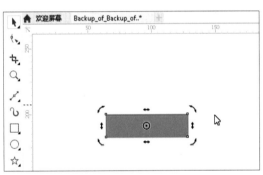

图 4-5　旋转编辑状态

在设计过程中会对一些复杂的画面进行对象选择，点击手绘选择工具，单击鼠标左键，在需要选择的对象周围拖动，就像画笔工具一样，将所要选择的图形画于范围之内，如图 4-6 所示。

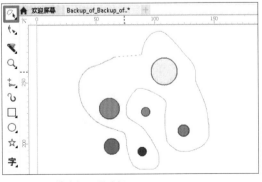

图 4-6　手绘选择工具选择

4.1.2 自由变换工具

自由变换工具在属性栏中包括自由旋转、自由角度反射、自由缩放、自由倾斜等几种模式。

点选自由旋转模式，选择图形后，鼠标左键点选工作区任意位置，此时所选图形是以鼠标单击点为中心，可进行 360° 旋转，如图 4-7 所示。

点选自由角度反射模式，选择图形后，鼠标左键点选工作区任意位置，此时所选图形是沿水平方向或垂直方向镜像该对象后的图像，如图 4-8 所示。

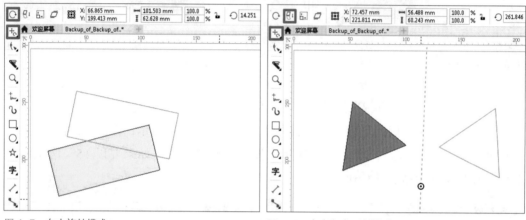

图 4-7　自由旋转模式　　　　　　　　图 4-8　自由角度反射模式

点选自由缩放模式，选择图形后，鼠标左键单击工作区任意位置确定缩放中心点的位置，然后拖动中心点来改变尺度，得到需要的对象后松手即完成变换，如图 4-9 所示。

点选自由倾斜模式，选择图形后，鼠标左键单击进行拖动，得到需要的效果，松手即完成变换，如图 4-10 所示。

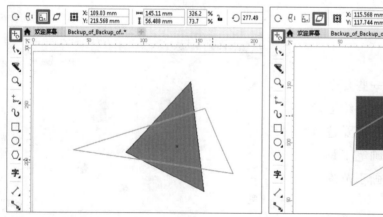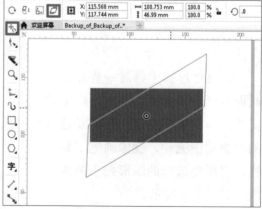

图 4-9　自由缩放模式　　　　　　　　图 4-10　自由倾斜模式

4.2　基础图形绘制工具

通过基础图形的绘制学习，我们可以更好地了解绘图工具的属性特点，任何复杂的图形设计都是由基础图形演变过来的，就像我们传统绘画一样，由简入繁，从简单的几何形体到复杂的形体。在整个图形绘制过程中也是由基础的图形慢慢演变成复杂的图形，学习好基础图形的绘制对我们后期进行复杂图形的绘制有着重要的意义。

4.2.1　椭圆形工具

①在工具栏中找到椭圆形工具，椭圆工具处有黑色三角表示有下拉工具，选择【椭圆形】，如图4–11所示。

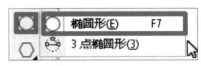

图 4–11　椭圆形工具

绘制时按住左键不放拖动鼠标，此时绘制出来的是任意的椭圆形，如图4–12所示。

在绘制过程中按住【Ctrl】键，拖动鼠标可绘制出一个正圆，正圆属于对角线绘制。此时同时按住【Ctrl】键和【Shift】键，点击鼠标左键并拖动，可绘制出中心向四周扩散的正圆，如图4–13所示。

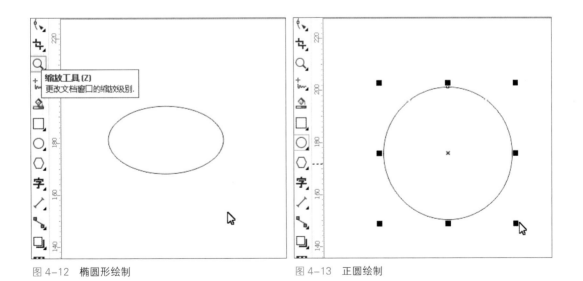

图 4–12　椭圆形绘制　　　　　　图 4–13　正圆绘制

绘制完成正圆后，在椭圆工具属性一栏中找到椭圆形、饼形、弧形图标，如图4–14所示。

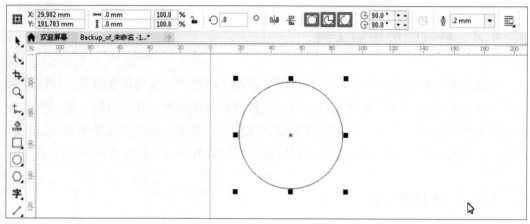

图 4-14　椭圆形、饼形、弧形图标位置

依次点选后，界面呈现出圆形、饼形、弧形，饼形和弧形的区别在于一个是闭合式的，一个是开放式的，如图 4-15 所示。

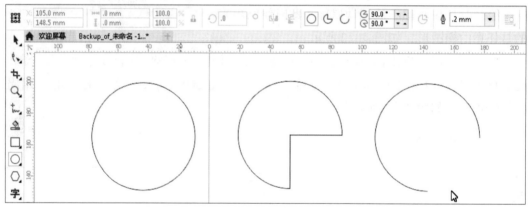

图 4-15　椭圆形、饼形、弧形形状

通过改变属性栏中的角度值，可使饼形和弧形发生外形变化，如图 4-16 所示。

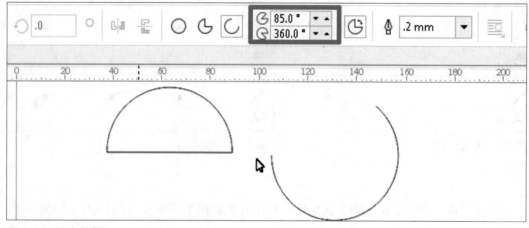

图 4-16　改变角度值

② 在工具栏中我们找到椭圆形工具，椭圆工具处有黑色三角表示有下拉工具，选择【3点椭圆形】，如图 4-17 所示。

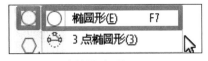

图 4-17　3 点椭圆形工具

绘制时按住鼠标左键并拖动至第二个点，此时松开鼠标左键并移动鼠标，椭圆形会随着鼠标移动发生变化，得到想要的椭圆形状时单击鼠标左键即可完成绘制，此时绘制的是任意的椭圆形，如图 4-18 所示。

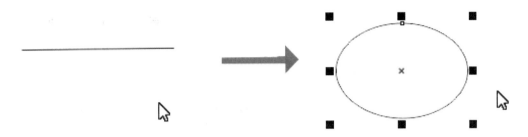

图 4-18　椭圆形绘制

通过【3点椭圆形】工具绘制正圆，按住【Ctrl】键进行操作即可。

在【3点椭圆工具】属性一栏中可以看到椭圆形、饼形、弧形图标，与椭圆工具属性的功能效果一致。

4.2.2　矩形工具

在工具栏中找到矩形工具，矩形工具处有黑色三角表示有下拉工具，选择【矩形】，如图 4-19 所示。

图 4-19　矩形工具

绘制时按住鼠标左键不放并拖动，此时绘制出来的是任意矩形，如图 4-20 所示。

在绘制过程中按住【Ctrl】键，拖动鼠标可绘制出一个正方形，属于对角线绘制。此时同时按住【Ctrl】键和【Shift】键，点击鼠标左键并拖动，可绘制出中心向四周扩散的正方形，如图 4-21 所示。

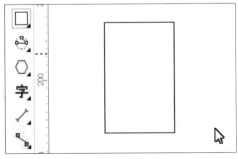

图 4-20　任意矩形绘制

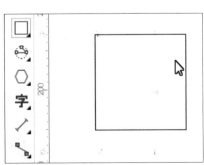

图 4-21　正方形绘制

绘制完成矩形，在椭圆工具属性一栏中找到圆角、扇形角、倒棱角图标，如图 4-22 所示。

依次点选后，呈现出圆角、扇形角、倒棱角形状，如图 4-23 所示。

在调整数值的时候会发现，调整一个角的数值，其他三个角的数值也随之进行相同的变化，这是由于中间有一个锁形按钮，当其处于锁定状态时，表示同时控制四个角的数值，如图 4-24 所示。

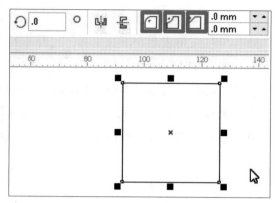

图 4-22　圆角、扇形角、倒棱角图标位置

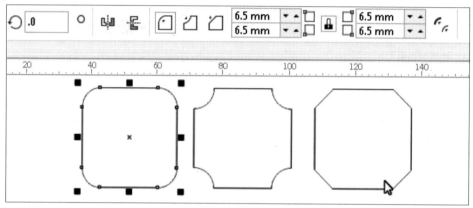

图 4-23　圆角、扇形角、倒棱角形状

点击锁形按钮解锁，可分别对矩形四个角的数值进行单独设置，如图 4-25 所示。

图 4-24　数值锁定

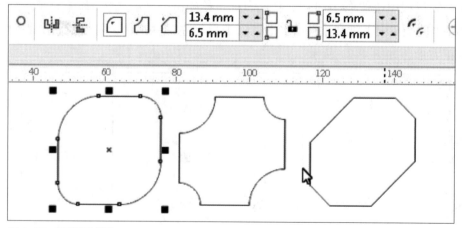

图 4-25　解锁数值锁定

在工具栏中找到矩形工具，矩形工具处有黑色三角表示有下拉工具，选择【3点矩形】，如图4-26所示。

图4-26　3点矩形工具

绘制时按住鼠标左键不放并拖动至第二个点，此时松开鼠标左键并移动鼠标，矩形会随着鼠标移动进行变化，得到想要的矩形形状时单击鼠标左键即可完成，此时绘制出来的是任意的矩形，如图4-27所示。

图4-27　矩形绘制

通过【3点矩形】工具绘制正方形，按住【Ctrl】键进行操作即可。

在【3点矩形】工具属性一栏中可以看到圆角、扇形角、倒棱角图标，与椭矩形工具属性的功能效果一致。

4.2.3　多边形工具

在工具栏中找到多边形工具，多边形工具处有黑色三角表示有下拉工具，选择【多边形】，如图4-28所示。

多边形的绘制操作和前面的一样，按住【Ctrl】键，拖动鼠标绘制属于对角线绘制。同时按住【Ctrl】键和【Shift】键，点击鼠标左键并拖动，即可绘制出中心向四周扩散的形状。

多边形属性工具栏中，可以通过改变边数和点数变换多边形的外形，边数可以是3条边，也可以无限增大边数，边数越多越接近于圆形，如图4-29所示。

在多边形下拉列表中还有很多多边形状，要想了解更多的多边形工具效果，一定要结合工具的属性栏，不断地尝试变换数值，预览不同的数值和多边形形状效果，做到心中有数，在未来的设计过程中，能够快速地找到所需的多边形效果。

图4-28　多边形工具

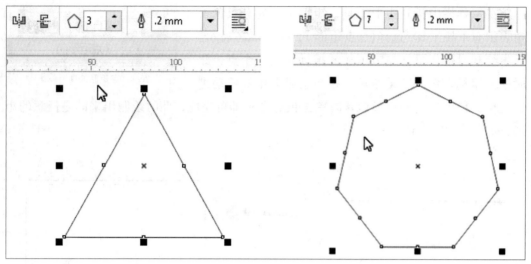

图 4-29　属性工具栏边数调整

4.2.4　曲线工具

曲线工具也是重要工具之一。在实际的设计过程中，如果我们想要更加灵活地设计一些复杂图形，离不开曲线工具的帮助。曲线工具下拉工具列表中提供了许多工具，如图 4-30 所示。在学习过程中熟练掌握这些曲线绘制工具的特性，可以更好地根据实际创作环境选择更加适合的绘制工具，使图形的绘制游刃有余，达到预期效果。

①选择曲线工具箱的手绘工具，手绘工具绘制方法非常灵活，单击鼠标左键，然后对鼠标左键进行释放移动后，再次单击，会产生一组独立的直线，如图 4-31 所示。

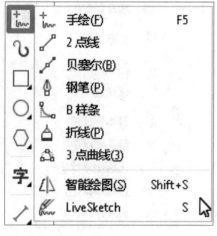

图 4-30　曲线工具

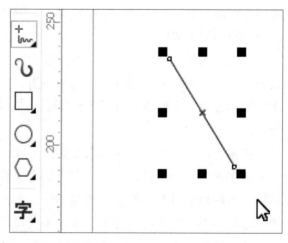

图 4-31　绘制直线

绘制曲线图形时，按住鼠标左键沿曲线轨迹移动，释放鼠标，会产生一组独立的曲线图形，如图4-32所示。

绘制曲线图形时，可以通过调整绘画工具中属性栏的手绘平滑选项数值，控制曲线的流畅平滑度，数值越大曲线越平滑，如图4-33所示。

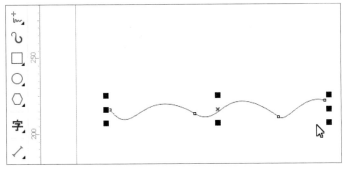

图4-32　绘制曲线

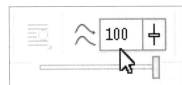

图4-33　手绘平滑选项数值

在实际绘制中，可通过手绘工具绘制完全封闭的图形。绘制第一条曲线图形后，将鼠标指向第一条曲线图形的结束点，此时鼠标指针发生变化，如图4-34所示，单击鼠标左键不放，进行拖动绘制，此时绘制的第二条曲线图形与第一条是连续性的曲线图形。重复进行以上操作，最终与第一条曲线图形起点重合，形成封闭的图形，如图4-35所示。

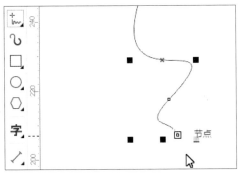

图4-34　曲线绘制

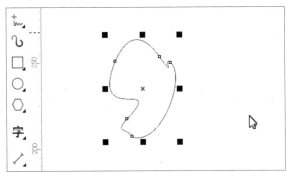

图4-35　封闭图形绘制

直线类型的图形绘制，与曲线图形绘制方法一致，如图4-36所示。

②选择曲线工具箱的2点线工具，2点线工具和手绘工具都可绘制直线类型的图形，2点线工具还具备一些其他特点，其属性工具栏中有垂直2点线和相切的2点线选项。

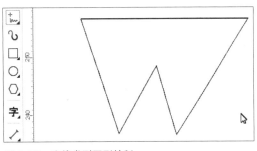

图4-36　直线类型图形绘制

选择垂直 2 点线，如图 4-37 所示。垂直 2 点线可以在实际绘制中进行垂直边绘制，任意画一条倾斜直线，按住鼠标点击此倾斜直线任意一点向外拉动，此时不管怎样移动鼠标，绘制的直线都与此斜线保持垂直状态，如图 4-38 所示。对于设计过程中创建一些特殊构图图形是非常实用的。

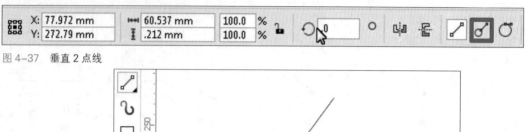

图 4-37　垂直 2 点线

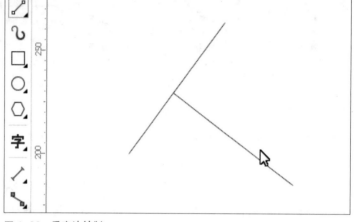

图 4-38　垂直边绘制

选择相切的 2 点线，如图 4-39 所示。此功能的实现，是建立在圆或者弧线图形的基础上的。将鼠标指向圆形边的任意位置，按住鼠标左键不放并拖动，所拉出的直线不管角度如何变化，都与此圆保持相切状态，如图 4-40 所示。

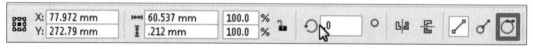

图 4-39　相切的 2 点线

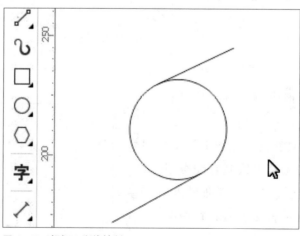

图 4-40　相切 2 点线绘制

③选择曲线工具箱的贝塞尔工具，贝塞尔工具也是日常绘图中经常使用的工具，绘制操作非常方便，常用于绘制一些精致图形的细节。

单击鼠标左键释放，移动鼠标到目标位置，左键单击释放，能够绘制出直线图形，如图 4-41 所示。

连续移动单击后，再回到起点单击，会形成一个闭合的图形，如图 4-42 所示。

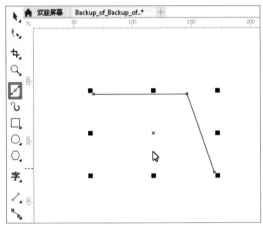

图 4-41 绘制直线图形

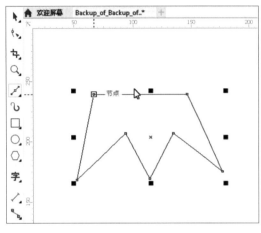

图 4-42 绘制闭合图形

通过贝塞尔工具绘制曲线图形，将鼠标移动到所需位置，此时按住鼠标左键进行拖动，我们会看到控制手柄，移动鼠标时，控制手柄可以控制曲线的走向，如图 4-43 所示。

如果需要限制曲线增量为 15°，可以在拖动鼠标时按住【Ctrl】键。

在贝塞尔工具绘制过程中，还有两个快捷键经常搭配使用，分别是【C】键和【S】键。点击鼠标确定第一点，鼠标移动之后按鼠标左键拖动产生第二点，如图 4-44 所示。

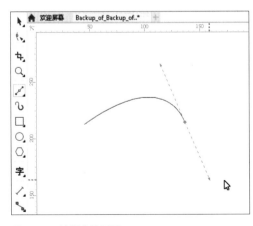

图 4-43 绘制曲线图形

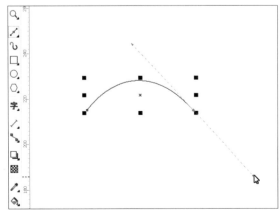

图 4-44 贝塞尔工具拖动

此时按住鼠标左键不释放，按键盘【C】键，移动鼠标，即可单独控制贝塞尔工具一侧的手柄，鼠标所控制手柄的角度会影响到下一条曲线弯曲度，如图 4-45 所示。

将鼠标移动到目标点单击，绘制出尖突节点的图形，如图 4-46 所示。

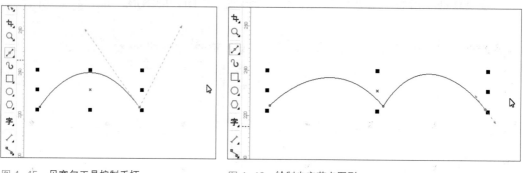

图 4-45　贝塞尔工具控制手柄　　　　　　　　　图 4-46　绘制尖突节点图形

绘制结束尖突节点时，需要转换为平滑节点绘制，此时按键盘【S】键，贝塞尔工具手柄又恢复到相互影响的工作状态，在移动手柄的时候我们会发现，不管怎样移动手柄，都只改变曲线的方向，手柄的长度变化不会影响到曲线的长度变化，如图 4-47 所示。

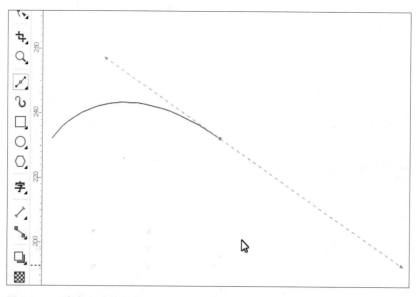

图 4-47　手柄控制曲线方向

此时我们再次按【S】键，当移动手柄时，手柄的长度发生变化，曲线的长度也发生变化，进入对称平滑节点绘制模式，如图 4-48 所示。

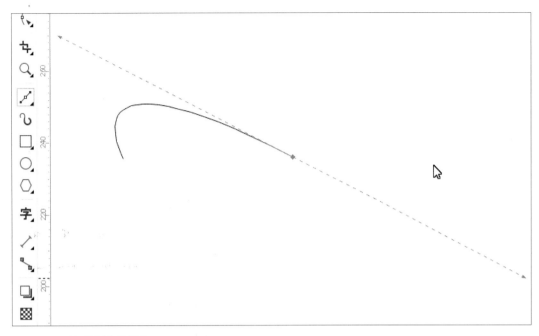

图 4-48　手柄控制曲线长度

　　绘制过程中若需要停止运用贝塞尔工具，按空格键即可停止绘制。在实际的学习过程中，熟练掌握尖突节点、平滑节点和对称平滑节点的绘制特点，不断地尝试调整贝塞尔工具的控制手柄即可得到想要的曲线图形，最终完成设计需要的图形。

　　④选择曲线工具箱的钢笔工具。钢笔工具和贝塞尔工具非常相似，在实际绘制中我们发现，钢笔工具在绘制过程中是可以提前预览所绘制线条的，预览效果方便我们在绘制过程中调整到更加精确的位置，预览这种状态模式可以通过点选属性栏中的预览模式来实现，如图 4-49 所示。

图 4-49　预览模式

　　钢笔工具和贝塞尔工具还有一个不一样的地方，就是可以在所绘制线条图形上进行节点的添加与删除，首先需要激活属性栏上的自动添加或删除节点模式，如图 4-50 所示。

图 4-50　自动添加或删除节点模式

在绘制过程中用鼠标指向所绘制曲线的任意位置，左键单击可以增加新的调整控制节点，在已经存在的位置处单击会删除控制节点。在实际过程中通过合理的删除和增加节点可以更加准确地绘制相应的图形，优化图形中无用的节点。

钢笔工具属性栏中还可以调节所绘制轮廓的宽度、起始箭头形状与线条样式和终止箭头模式，如图 4-51 所示。对起始箭头形状、线条样式和中指箭头形状反复尝试操作，熟悉了解不同的样式效果，方便在设计过程中快速找到需要的效果，提高设计效率。

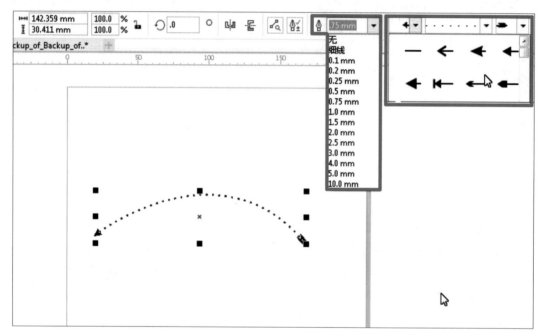

图 4-51　轮廓宽度、箭头形状模式

⑤选择曲线工具箱的 B 样条工具。B 样条工具是一种完全平滑的绘制曲线工具，采用点和曲线权重之间的控制值完成曲线绘制。单击鼠标左键产生起点，再次单击确定第二点并移动鼠标，此时产生的曲线并不会经过第二点，而是和第二点形成一个平滑的过渡关系，绘制曲线平滑角度与两虚线之间角度有直接关系，如图 4-52 所示。

绘制过程中需要停止运用 B 样条工具时，按回车键即可停止绘制。

⑥选择曲线工具箱的折线工具，折线工具和手绘工具十分相似，折线工具是默认连续的线，连续点击会出现连续的线性效果，如图 4-53 所示。

在使用折线工具时也可以按住鼠标左键不放进行移动绘制，如图 4-54 所示。移动绘制时，可以通过调整属性栏中手绘平滑选项的数值，控制曲线的流畅平滑度，数值越大曲线越平滑。

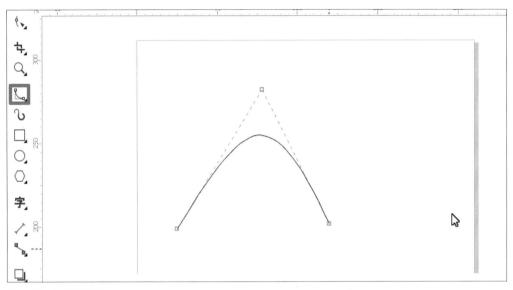

图 4-52　B 样条工具

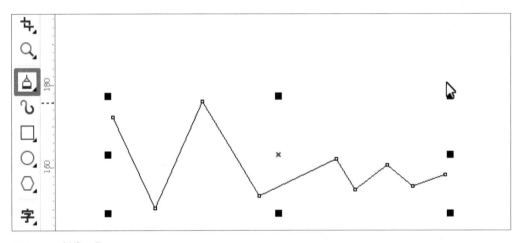

图 4-53　折线工具

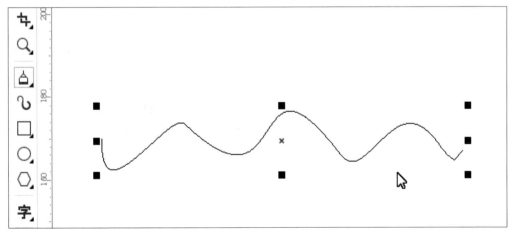

图 4-54　折线工具连续移动绘制

⑦选择曲线工具箱的 3 点曲线工具，3 点曲线工具主要绘制弧线图形。按住鼠标移动到目标点，释放鼠标左键，此时移动鼠标曲线吸附在鼠标上面，跟随鼠标移动改变不同弧线图形，调整鼠标位置，得到所需弧线图形，点击鼠标左键进行确定，完成弧线图形的绘制，如图 4-55 所示。

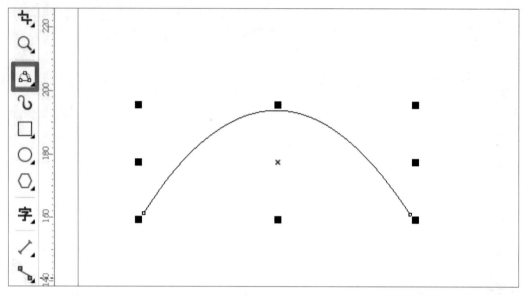

图 4-55　3 点曲线工具

⑧选择曲线工具箱的智能绘图工具，智能图形绘制工具可以帮助我们对图形进行自动识别。在工具属性栏中设置绘制图形的形状识别等级、平滑等级等参数，然后在绘图区按住鼠标拖动，可像铅笔一样自由绘制，如图 4-56 所示。

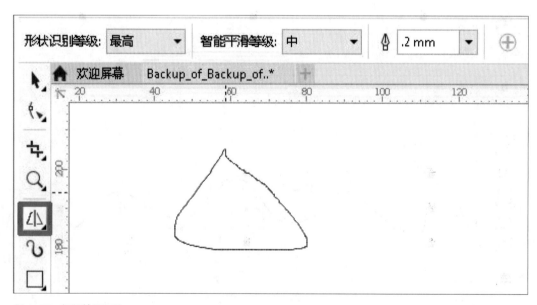

图 4-56　智能绘图工具

绘制出满意的效果后释放鼠标，即可自动生成基本形状效果，如图 4-57 所示。

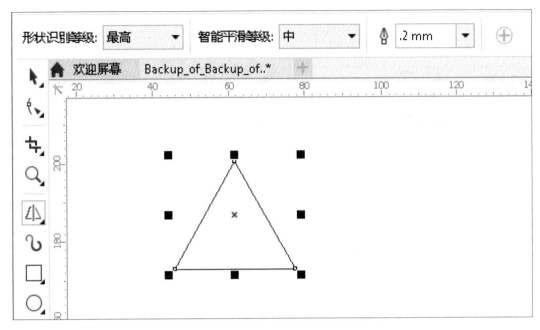

图 4-57　生成基本形状效果

在下拉列表框中可选择绘制图形形状识别等级的高低程度和边缘平滑程度，识别等级越高，绘制生成的最终图形越接近于原始手绘效果；平滑等级越高，绘制生成的最终图形越平滑，如图 4-58 所示。

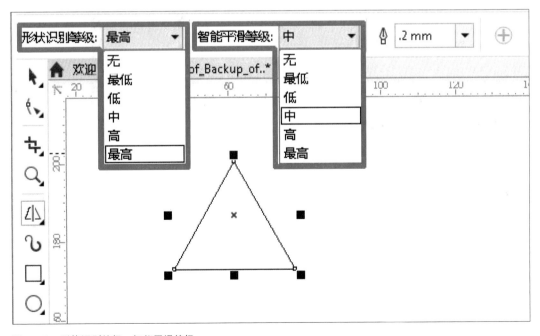

图 4-58　形状识别等级、智能平滑等级

⑨选择曲线工具箱的 LiveSketch 工具，可实现手绘草图效果。要设置调整草图绘制笔触前的延迟，可通过属性栏上的定时器滑块进行数值设定。不断调整定时器，发现最适合自己的草图绘制速度和风格，如图 4-59 所示。

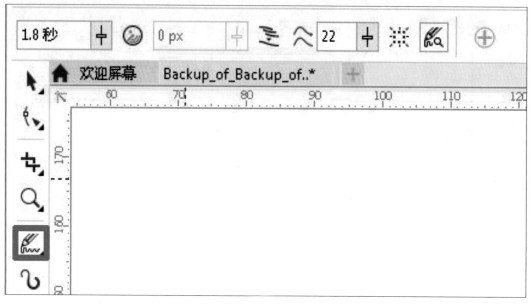

图 4-59　LiveSketch 工具

在工具栏中找到艺术笔工具，艺术笔工具可以产生较为独特的艺术效果，与普通的路径绘制工具相比，艺术笔工具有着很大的不同，其路径不是以单独的线条来表示的，而是根据我们所选择的笔触样式来创建由预设图形围绕的路径效果。在其属性栏中，可以选择"预设""笔刷""喷涂""书法"和"表达式"5 种笔触样式，如图 4-60 所示。

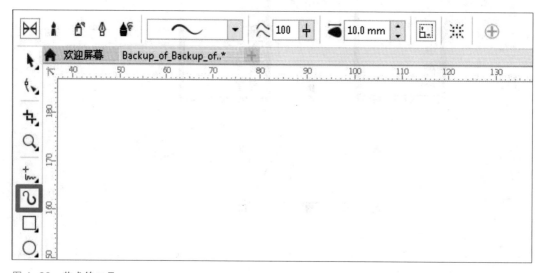

图 4-60　艺术笔工具

点击不同的笔触样式，会在属性栏中显示相应的属性。

"预设"艺术笔工具属性栏如图 4-61 所示。预设模式提供了多种线条类型供用户选择，可以模拟笔触在开始和末端的粗细变化。

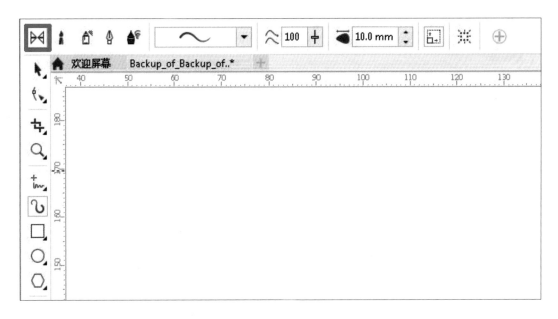

图 4-61　预设模式

点击预设笔触下拉列表框，从中选择所需笔触，在画面中绘制。通过拖动滑块或在文件框中输入数值来设置手绘平滑参数值，可以改变绘制线条的平滑程度。单击上下微调按钮或直接输入数值，可以改变笔触的宽度。

"笔刷"艺术笔工具属性栏如图 4-62 所示。笔刷模式主要用于模拟笔刷绘制的效果。在笔刷类型列表中选择笔刷类型，然后在笔触列表中选择笔触样式。

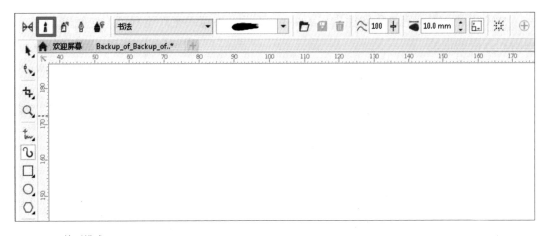

图 4-62　笔刷模式

"喷涂"艺术笔工具属性栏如图 4-63 所示。设置合适的喷涂对象大小，在"类别"下拉列表框中选择需要的纹样类别，在"喷射图样"下拉列表框中在画面中按住鼠标左键拖动的距离越长，绘制出的图案越多。此外，可以对"每个色块中的图像数和图像间距""旋转""偏移"等参数进行调整，以满足不同需求。

图 4-63 喷涂模式

"书法"艺术笔工具属性栏如图 4-64 所示，类似于使用书法笔效果。书法线条的粗细会随着线条的方向和笔头的角度而改变。在"手绘平滑"数值框和"艺术媒体工具的宽度"数值框中输入数值，在"书法的角度"数值框中输入角度值，在绘图页面中确定起始位置并拖动鼠标，按设定的宽度与角度绘制出需要的曲线。

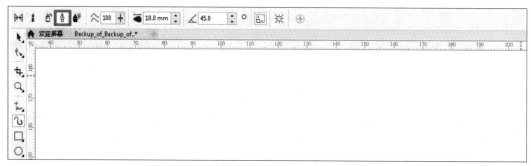

图 4-64 书法模式

"表达式"艺术笔工具属性栏如图 4-65 所示，该模式允许绘制可响应触笔压力、倾斜和方位的曲线。

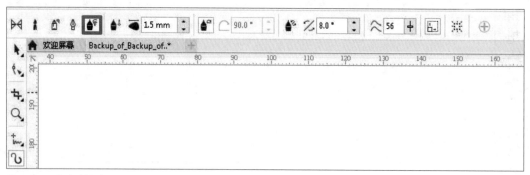

图 4-65 表达式模式

4.2.5 图形的简单填充

前文对基础图形的绘制学习中，图形都是以轮廓线的形式呈现。在日常设计制作工作中，我们所编辑绘制的图形往往是具备颜色效果的，掌握好图形的颜色填充，可以提高工作效率，绘制预览效果。

选择多边形工具任意绘制一个图形，如图 4-66 所示。此时图形轮廓是黑色的轮廓线，内部无填充颜色。

用选择工具点选图形，使图形处于编辑状态，如图 4-67 所示。

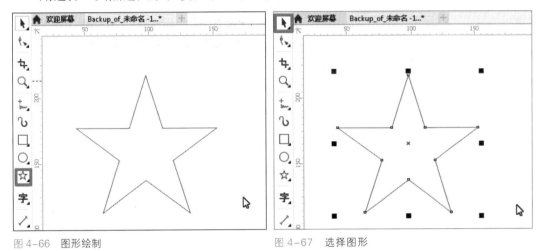

图 4-66　图形绘制　　　　　　　　　　　图 4-67　选择图形

鼠标左键点击调色板中的任意颜色，我们会看到图形内部已填充成鼠标点选的颜色，如图 4-68 所示。

鼠标右键继续点击调色板，我们会看到图形轮廓线变成鼠标点选的颜色，如图 4-69 所示。

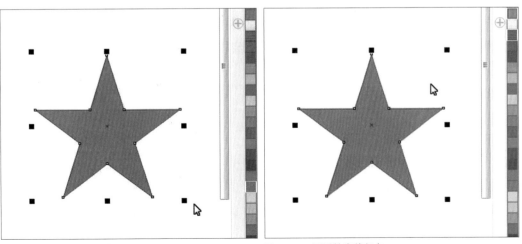

图 4-68　内部颜色填充　　　　　　　　　图 4-69　图形轮廓线颜色

在 CorelDRAW 软件中，图形处于编辑模式时，单击鼠标的左右键可以切换图形，填充颜色和轮廓颜色。

在属性面板中有轮廓宽度的数值调节区，可以通过调节数值，选择想要的轮廓线宽度，如图 4-70 所示。

在图形未编辑状态下选择调色板，点击任意色，会弹出更改文档默认值对话框，如图 4-71 所示。

点击确定按钮后，再次进行图形绘制，会看到绘制图形自动进行了颜色的填充。

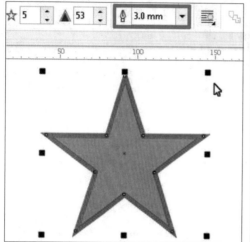

图 4-70　轮廓线数值调节

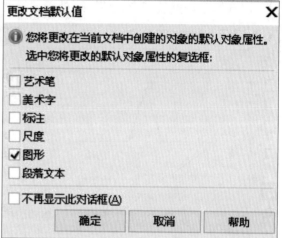

图 4-71　文档默认值对话框

4.3　对象的编辑与处理

在软件的学习过程中，图形编辑与处理的熟练和灵活度，对一个作品的实现有着非常重要的作用，通过对不同的图形进行熟练编辑可达到最终的设计预期效果。

4.3.1　形状工具组

形状工具组在选择工具下方，包含形状、平滑、涂抹、转动、吸引、排斥、弄脏、粗糙8 种工具，如图 4-72 所示。

通过控制节点来编辑曲线对象和文本字符的，基本上编辑、绘图时都用得到形状工具。

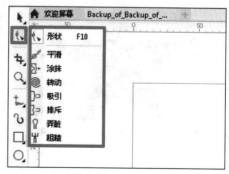

图 4-72　形状工具组

①对于普通的曲线可以直接通过选择形状工具编辑节点，但是矩形、圆形等图形以及文字需要经过转换为曲线操作后才能进行编辑。选择需要转换的图形或文字对象，单击鼠标右键，在打开的快捷菜单中选择【转换为曲线】命令，如图 4-73 所示，或按快捷键【Ctrl+Q】，即可将其转换为曲线，然后使用形状工具即可对转换后的曲线进行编辑。

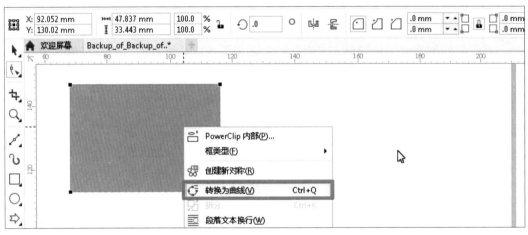

图 4-73　转换为曲线

选择属性栏【转换为曲线】，可通过控制节点更改曲线形状，如图 4-74 所示。

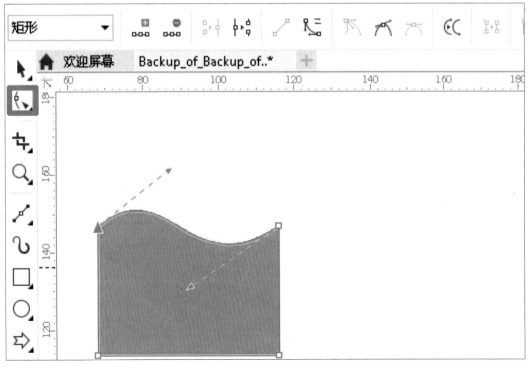

图 4-74　控制节点更改形状

曲线对象具有节点和控制手柄，它们可用于更改对象的形状。曲线对象可以是任何形状，包括直线或曲线。对象节点为沿对象轮廓显示的小方形。两个节点之间的线条称为线段，线段可以是曲线或直线。对于连接到节点的每个曲线线段，每个节点都有一个控制手柄，控制手柄有助于调整线段的曲度。

日常设计过程中为了得到所需图形，调整对象形状时经常会遇到因为节点太少而难以塑造复杂形态的问题，这时就可以使用形状工具在曲线上添加节点，如果出现多余的节点则可以使用形状工具将其删除。

在需要添加节点的位置单击，当路径上出现黑色实心圆点时，单击属性栏中的【添加节点】按钮，即可完成节点的添加，如图 4-75 所示，也可以在需要添加节点的位置双击来添加节点。通过控制节点可以更改形状，如图 4-76 所示。

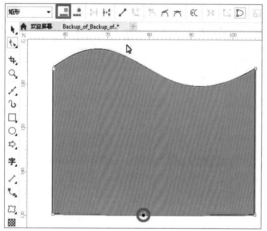

图 4-75　添加节点

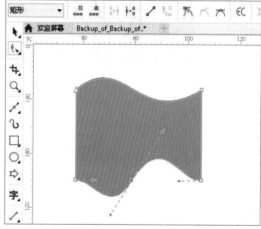

图 4-76　控制节点更改形状

如果要删除节点，可以选定该节点，然后单击属性栏中的【删除节点】按钮将其删除，也可以选中多余节点，按【Delete】键删除。

选择节点按住鼠标左键将其拖至其他位置，释放鼠标后可以看到，图形的形状会随节点位置的变化而变化，如图 4-77 所示。

在曲线段上单击，出现一个黑色实心圆点后，单击属性栏中的【转换为线条】按钮，即可将曲线转换为直线，如图 4-78 所示。

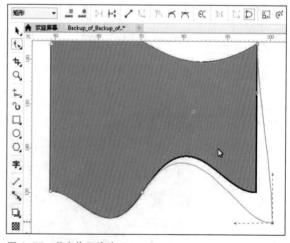

图 4-77　节点位置移动

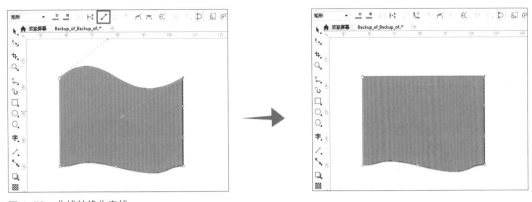

图 4-78　曲线转换为直线

　　在直线段上单击，出现一个黑色实心圆点后，单击属性栏中的【转换为曲线】按钮，即可将直线转换为曲线，如图 4-79 所示。

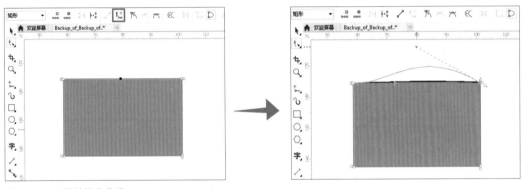

图 4-79　直线转换为曲线

　　在曲线上选定节点，单击属性栏中的【尖突节点】按钮，在画面中拖动鼠标即可形成尖角，如图 4-80 所示。

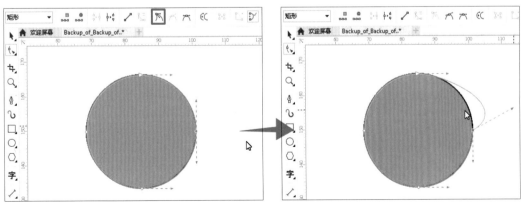

图 4-80　尖突节点

在尖角上选定节点，单击属性栏中的【平滑节点】按钮，并自动形成平滑节点（可根据需求调节节点方向等），如图 4-81 所示。

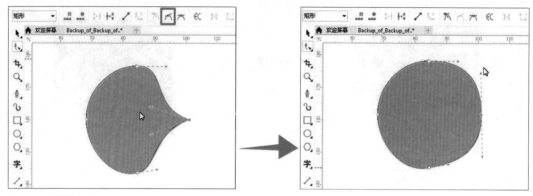

图 4-81　平滑节点

选定其中一个节点，单击属性栏中的【对称节点】按钮，即可使节点两边的线条具有相同的弧度，从而产生对称的感觉，如图 4-82 所示。

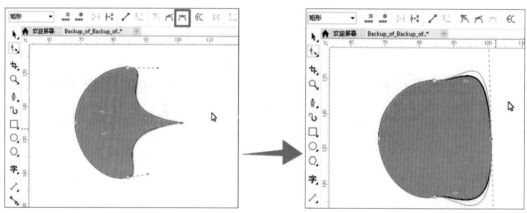

图 4-82　对称节点

选择路径上一个闭合的节点，单击属性栏中的【断开节点】按钮，即可将路径断开，该节点变为两个重合的节点，可将两个节点分别向外移动，如图 4-83 所示。

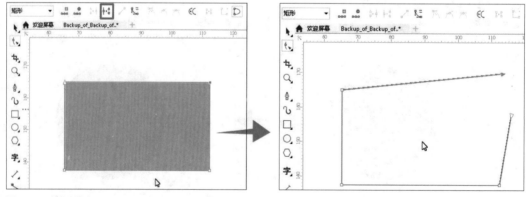

图 4-83　断开节点

选中两个未封闭的节点，然后单击属性栏中的【连接两个节点】按钮，即可使其自动向中间的位置移动并进行闭合，如图 4-84 所示。

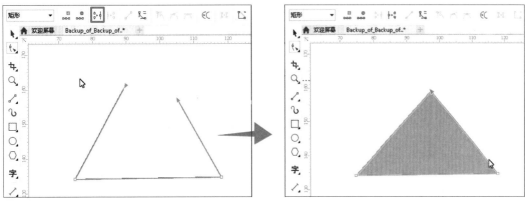

图 4-84　连接两个节点

如果绘制了未闭合的曲线图形，可以选中曲线上未闭合的两个节点，然后单击属性栏中的【延长曲线使之闭合】按钮，如图 4-85 所示。

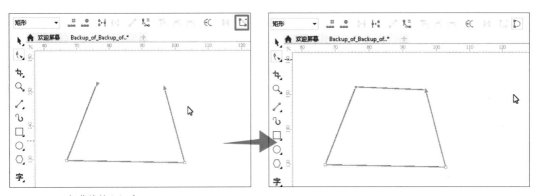

图 4-85　延长曲线使之闭合

选择未闭合的曲线，单击属性栏中的【闭合曲线】按钮，能够快速在未闭合曲线的起点和终点之间生成一段路径，使曲线闭合，如图 4-86 所示。

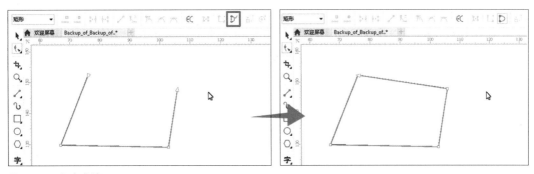

图 4-86　闭合曲线

在曲线上使用形状工具选中 3 个节点，然后单击属性栏中的【延展与缩放节点】按钮，此时节点周围出现控制点，鼠标点击移动可以观察到节点按比例进行了缩放，如图 4-87 所示。

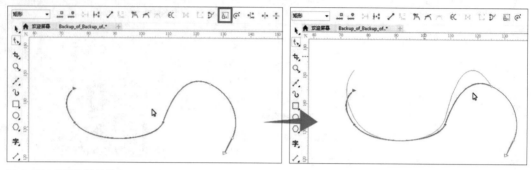

图 4-87　延展与缩放节点

旋转和倾斜节点模式除了可以对节点进行延展与缩放外，还可以对其进行旋转与倾斜操作。选中其中一个节点，单击属性栏中的【旋转与倾斜节点】按钮，此时节点四周出现用于旋转和倾斜的控制点，如图 4-88 所示。

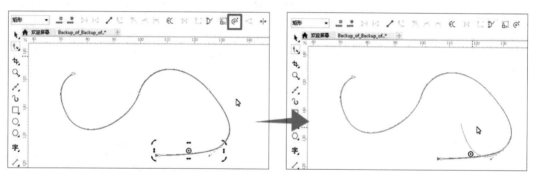

图 4-88　旋转与倾斜节点

单击右上角的旋转控制点并向左侧拖动，如果将光标移动到上方的倾斜控制点上，拖动鼠标则可产生倾斜的效果。

对齐节点功能可以将两个或两个以上节点在水平、垂直方向上对齐，也可以对两个节点进行重叠处理。绘制一段路径，然后使用框选或者按住【Ctrl】键进行加选的方式选择多个节点，如图 4-89 所示。选中【垂直对齐】复选框，3 个锚点将对齐在一条垂直线上；同时选中【水平对齐】与【垂直对齐】复选框，3 个节点将在水平和垂直两个方向进行对齐，也就是重合。

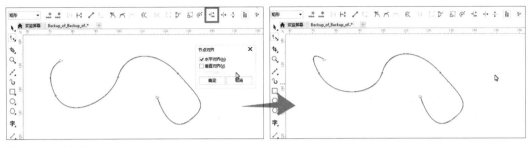

图 4-89　对齐节点

② 选择平滑工具，若要更改笔尖大小，在属性栏中的笔尖大小框中键入一个值，然后按【Enter】键即可。要设置应用平滑效果的速度，可在速度框中键入一个值，然后按【Enter】键，点击鼠标左键，拖动鼠标，即可对图形进行平滑操作，如图 4-90所示。

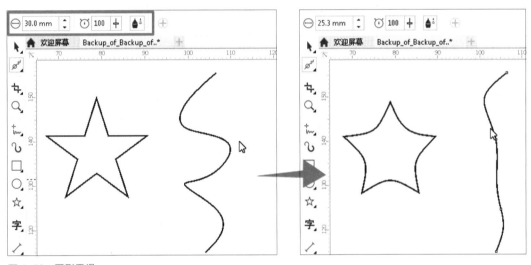

图 4-90　图形平滑

③ 选择涂抹工具，沿对象边缘拖动工具来更改其边缘，使用涂抹笔刷工具可以在原图形的基础上添加或删减区域。如果笔刷的中心点在图形的外部，则删减图形区域；如果笔刷的中心点在图形的内部，则添加图形区域。利用涂抹工具可以将简单的曲线更复杂化，也可以任意修改曲线的形状。属性栏中有两种涂抹模式，即平滑涂抹和尖状涂抹。平滑涂抹即使用平滑的曲线涂抹，如图 4-91

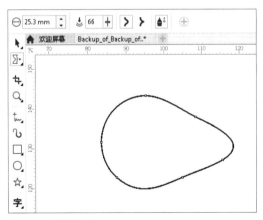

图 4-91　平滑涂抹

所示。尖状涂抹即使用带有尖角的曲线涂抹，如图 4-92 所示。

④选择转动工具，单击对象的边缘，点击鼠标不放，要定位转动及调整转动的形状，则需要在按住鼠标按钮的同时进行拖动，直至转动达到所需大小，如图 4-93 所示。

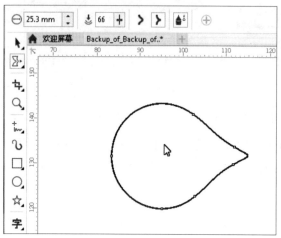

图 4-92　尖状涂抹

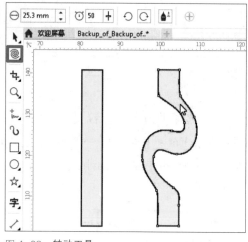

图 4-93　转动工具

更改笔尖大小，在属性栏中的笔尖大小框中键入一个值，然后按【Enter】键即可。要设置应用转动效果的速度，在速度框中键入一个值，然后按【Enter】键即可。要设置转动效果的方向，可单击属性栏上的逆时针转动按钮或顺时针转动按钮。

⑤选择吸引工具，在选定对象内部或外部靠近边缘处单击，按住鼠标按钮可调整边缘形状。若要取得更加显著的效果，需在按住鼠标按钮的同时进行拖动，如图 4-94 所示。

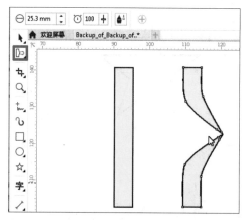

图 4-94　吸引工具

要更改笔尖大小，可在属性栏中的笔尖大小框中键入一个值，然后按【Enter】键。

⑥选择排斥工具，在选定对象内部或外部靠近边缘处单击，按住鼠标按钮以调整边缘形状。若要取得更加显著的效果，需在按住鼠标按钮的同时进行拖动，如图 4-95 所示。

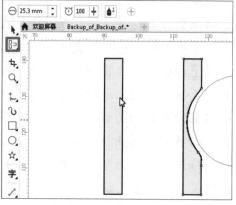

图 4-95　排斥工具

要更改笔尖大小，需在属性栏上的笔尖大小框中键入一个值，然后按【Enter】键。

⑦ 选择弄脏工具，要涂抹选定对象的内部，单击该对象的外部并向内拖动。要涂抹选定对象的外部，则单击该对象的内部并向外拖动，如图 4-96 所示。

⑧ 选择粗糙工具，可以用来改变图形中曲线的平滑度，指向要变粗糙的轮廓上的区域，然后拖动轮廓使之变形，产生粗糙锯齿和尖突变形的效果，如图 4-97 所示。

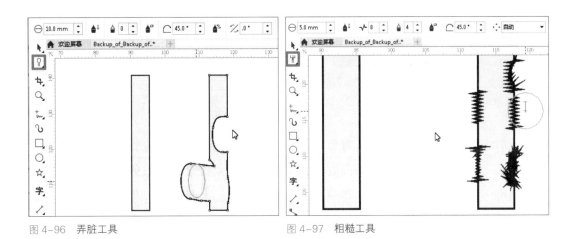

图 4-96　弄脏工具　　　　　　　　　　　　　图 4-97　粗糙工具

更改笔尖大小，需在属性栏中的笔尖大小框中键入一个值，然后按【Enter】键。

形状工具组在我们日常设计制作图形的时候使用较多，熟练掌握并了解形状工具组中每种工具的属性特点，以及每种工具属性栏中不同数值的效果变化，了解相似工具的特性，在绘制过程中做到游刃有余。

4.3.2　裁剪工具组

裁剪工具组在形状工具下方，包含裁剪、刻刀、虚拟段删除、橡皮擦 4 种工具，如图 4-98 所示。

①裁剪工具可以应用于位图或者矢量图，可以通过裁剪工具将图形中需要的部分保留，不需要的部分删除。

在图像中按住鼠标左键拖动，调整至合适大小后释放鼠标，若想重新拖曳选区或放弃裁剪，可按键盘【Esc】键或单击属性栏中的【清除裁剪选取框】按钮。确定选区后双击该裁剪框或按【Enter】键，即可裁剪掉多余部分，如图 4-99 所示。

图 4-98　裁剪工具组

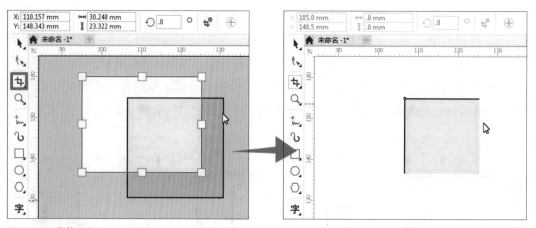

图 4-99　裁剪工具

　　裁剪工具可以对画面中任意对象进行裁剪，需要注意的是，裁剪时如果不选择对象，则裁剪后只保留裁剪框中的内容，裁剪框外的对象将全部被裁剪掉；如果选择了要裁剪的对象，则裁剪过后仍然保留没有选择的对象，只对选择的对象进行裁剪，并且保留了裁剪框内的内容。

　　② 刻刀工具可以将完整的线形或矢量图形分割为多个部分，使用刻刀工具分割图形时，并不是删除图形的某个部分，而是将其进行分割。在需要切割的图形对象起始点上按住鼠标左键拖动，到合适位置时松开鼠标，即可完成对图像的切割，如图 4-100 所示。

　　选择切割后的一侧的图形对象可以对其进行移动编辑等操作，如图 4-101 所示。

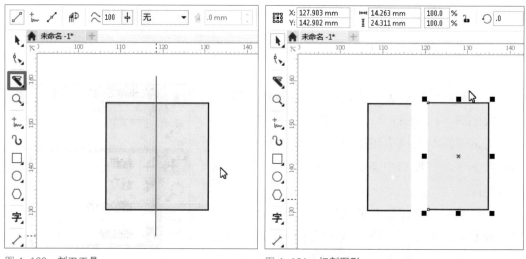

图 4-100　刻刀工具　　　　　　　　　　图 4-101　切割图形

　　点选属性栏中手绘模式，可沿手绘曲线切割对象，如图 4-102 所示。
　　点选属性栏中贝塞尔模式，可沿贝塞尔切割对象，如图 4-103 所示。

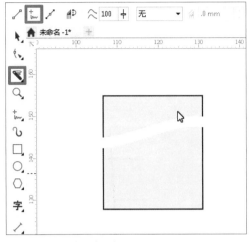

图 4-102　手绘模式切割

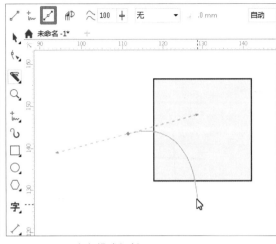

图 4-103　贝塞尔模式切割

点选属性栏中剪切时自动闭合按钮，可闭合分割对象形成的路径，如图 4-104 所示。

在属性栏中选择【间隙】，在后面的"宽度"文本框中输入宽度值，这样在使用刻刀工具切割图形对象时，被切割后的两个图形之间会形成间隙；选择【叠加】，然后在后面的"宽度"文本框中输入数值，可使切割后的两个图形重叠。

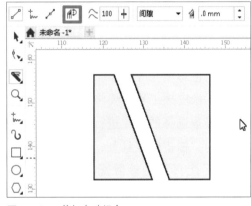

图 4-104　剪切自动闭合

③虚拟段删除工具可以快速删除虚拟的线段，减少了在删除相交线段时，所需添加节点、分割及删除节点等复杂的操作，虚拟线段就是两个交叉点之间的部分对象。

将光标移至要删除的虚拟线段上，当其变为垂直状态时（默认状态为倾斜）表示可用，单击鼠标左键即可将其删除，如图 4-105 所示。

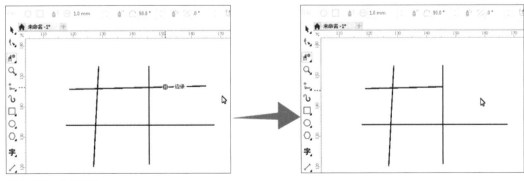

图 4-105　线段删除

拖动鼠标绘制矩形选框，释放鼠标后，矩形选框所经过的虚拟线段将被删除，如图 4-106 所示。

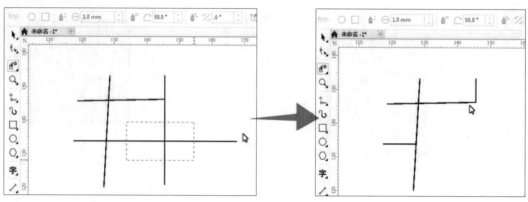

图 4-106　矩形选框线段删除

利用虚拟段删除工具处理后封闭图形将变为开放图形，在默认状态下将不能对图形进行色彩填充等操作。

④橡皮擦工具主要将绘图窗口中已经被选择的对象进行擦除，虽然名为"橡皮擦工具"，但是该工具并不能真正的擦除图像，而是在擦除部分对象后，自动闭合受到影响的路径，并使该对象自动转换为曲线对象。橡皮擦工具可擦除线条、形体和位图等对象，如图 4-107 所示。

日常使用橡皮擦工具时，将光标移至绘图页面中，按住【Shift】键的同时单击并上下拖动鼠标，就可以改变橡皮擦工具擦除的宽度。

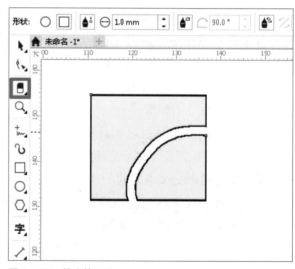

图 4-107　橡皮擦工具

4.3.3　造型组合关系操作方法

使用选择工具选中两个或两个以上对象时，在工具属性栏中即可出现造型功能按钮，焊接、修剪、相交、简化、移除后面对象、移除前面对象、创建边界，如图 4-108 所示。

图 4-108　造型组合模式

除了在属性栏中选择以上造型功能按钮，当使用选择工具选中两个或两个以上对象时，执行【对象】→【造型】命令，在弹出的子菜单中可以看到与属性栏中造型命令相同的命令，也可进行相应操作，如图 4-109 所示。

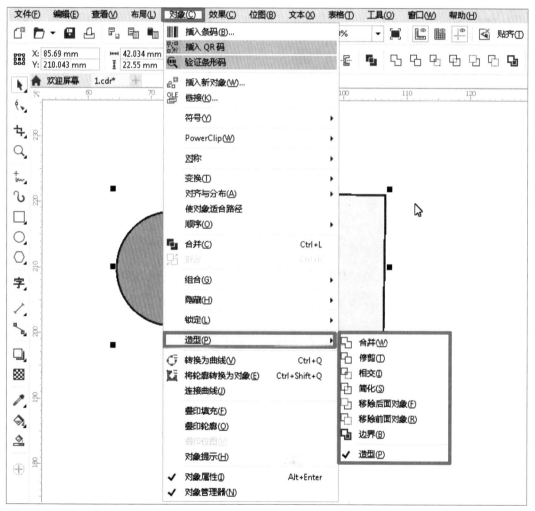

图 4-109　造型命令

执行【对象】→【造型】→【造型】命令或执行【窗口】→【泊坞窗】→【造型】命令，打开【造型】泊坞窗，在该泊坞窗中打开类型下拉列表框，从中可以对造型类型进行选择，如图 4-110 所示。

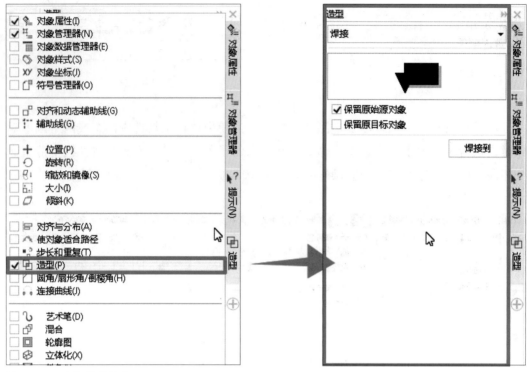

图 4-110　"造型"泊坞窗

日常使用属性栏中的工具按钮、菜单命令及泊坞窗都可以进行对象的造型应用，需要注意的是，虽然属性栏中的工具按钮和菜单命令操作快捷，但是相对于泊坞窗缺少了可操作的空间，无法指定目标对象和源对象，无法保留来源对象等操作。

（1）焊接

选中需要结合的两个或两个以上的对象，在【造型】泊坞窗类型下拉列表框中选择【焊接】选项，单击【焊接到】按钮，然后在画面中单击拾取目标对象，如单击目标对象为圆形，那么焊接后的图形颜色为蓝色，如图 4-111 所示。

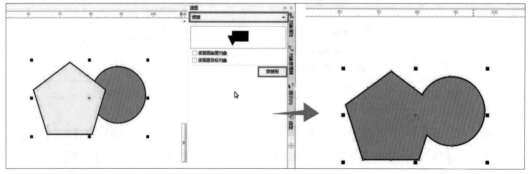

图 4-111　图形焊接

（2）修剪

修剪即通过移除重叠的对象区域来创建形状不规则的对象。修剪命令几乎可以修剪任何对象，包括克隆对象、不同图层上的对象及带有交叉线的单个对象，但是不能修剪段落文本、尺度线或克隆的主对象。要修剪的对象是目标对象，用来执行修剪的对象是来源对象。修剪完成后，目标对象保留其填充和轮廓属性。

在【造型】泊坞窗类型下拉列表框中选择【修剪】选项，单击【修剪】按钮（在"保留原件"选项组中可以选中在修剪后仍然保留的对象），单击目标对象，如图 4-112 所示。

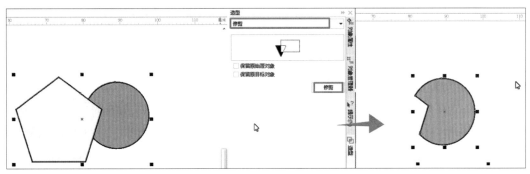

图 4-112　图形修剪

（3）相交

相交可以将两个或两个以上对象的重叠区域创建为一个新对象。选择重叠的两个图形对象，在【造型】泊坞窗类型下拉列表框中选择【相交】选项，单击【相交对象】按钮，然后在画面中单击目标对象，两个图形相交的区域得以保留，如图 4-113 所示。

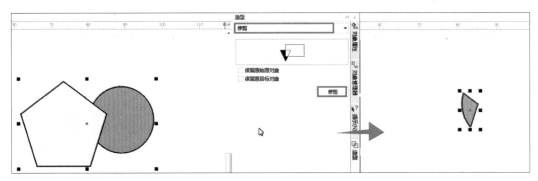

图 4-113　图形相交

（4）简化

简化与修剪效果类似，不同的是简化中后绘制的图形会修剪掉先绘制的图形。选择两个或两个以上重叠的对象，在【造型】泊坞窗类型下拉列表框中选择【简化】选项，单击【应用】按钮，然后在画面中单击拾取目标对象，移动图像后可看见简化后的效果，如图 4-114 所示。

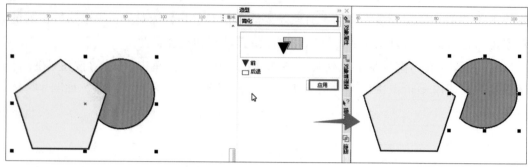

图 4-114　图形简化

（5）移除前面对象 / 移除后面对象

移除前面 / 后面对象与简化对象功能相似，不同的是在执行移除前面 / 后面对象操作后，会按一定顺序进行修剪及保留。执行移除后面对象操作后，最上层的对象将被下面的对象修剪。选择两个重叠对象，在【造型】泊坞窗类型下拉列表框中选择【移除后面对象】选项，单击【应用】按钮，则只保留修剪生成的对象，如图 4-115 所示。执行移除前面对象操作后，最下层的对象将被上面的对象修剪。

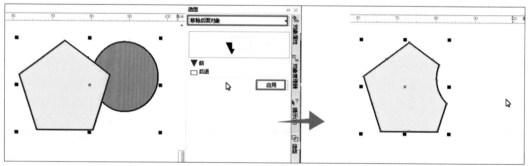

图 4-115　移除后面对象

（6）边界

执行【边界】命令后，可以自动在图层上的选定对象周围创建路径，从而创建边界。在【造型】泊坞窗类型下拉列表框中选择【边界】选项，单击【应用】按钮，可以看到图像周围出现一个与对象外轮廓形状相同的图形，如图 4-116 所示。

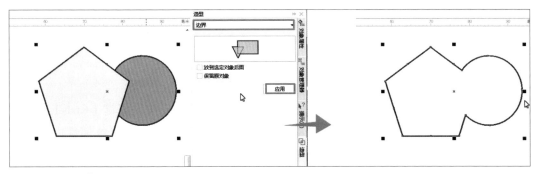

图 4-116 图形边界

4.3.4 组合对象与取消组合对象

（1）组合对象

单击工具箱中的选择工具按钮，选中需要组合的各个对象，然后单击属性栏中的【组合】按钮，或者按快捷键【Ctrl+G】键，即可将所选对象群组，如图 4-117 所示。

将多个对象组合后，使用选择工具在群组中的任一对象上单击，即可选中整个群组，进行相同的操作。

（2）取消组合对象

选中需要取消群组的对象，在属性栏中单击【取消组合对象】按钮，或者按快捷键【Ctrl+U】键，即可将所选组合对象快速取消群组，如图 4-118 所示。

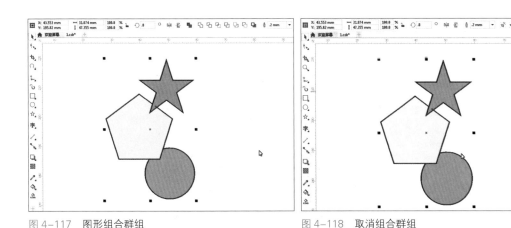

图 4-117 图形组合群组   图 4-118 取消组合群组

将对象取消组合对象后，可以依次对各个对象进行单独编辑。如果文件中包含多个组合群组，想要快速地取消全部组合群组，可通过【取消组合所有对象】命令来实现。

4.3.5 合并与拆分对象

（1）合并对象

选择多个对象，在工具属性栏中单击【合并】按钮，或按快捷键【Ctrl+L】键，即可将其合并为具有相同属性的单一对象。合并后叠加处被镂空，最终属性由最底层的对象属性来定，合并前最底层的圆形为蓝色，那么合并后最终图形即为蓝色，叠加处被镂空，如图 4-119 所示。

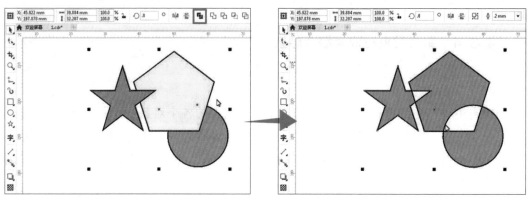

图 4-119 合并对象

（2）拆分对象

选择合并的对象，在属性栏中单击【拆分】按钮，或按快捷键【Ctrl+K】键，即可将图形对象拆分为具有相同属性的对象，拆分后的图形对象属性不会还原到原始状态，如图 4-120 所示。

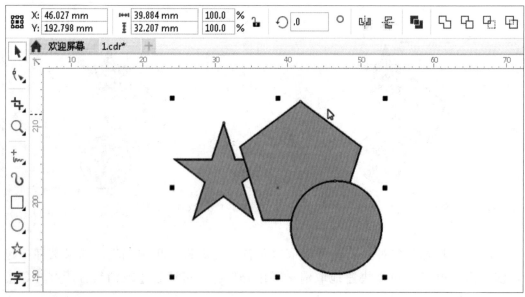

图 4-120 拆分对象

4.3.6 交互式效果编辑

（1）工具箱中选择阴影工具，利用阴影工具，可以对对象制作不同颜色的投影，使图片具有立体感。

选择图形，将鼠标指针移动到图形中心位置，按住鼠标左键向右下角拖曳出阴影，如图 4-121 所示。

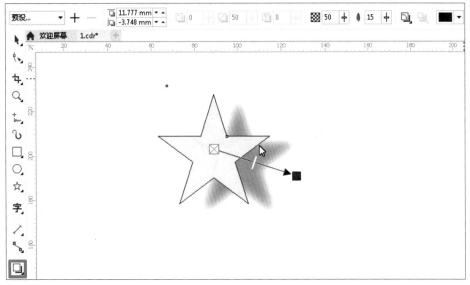

图 4-121 拖曳形成阴影

要更改阴影的透视点，可拖动起始手柄；要更改阴影的方向，可拖动结束手柄；要调整阴影的不透明度，需移动相应滑块；要更改阴影的颜色，可将调色板中的颜色拖至结束手柄上，如图 4-122 所示。可通过属性栏上的控件和颜色来调整不同的阴影效果。

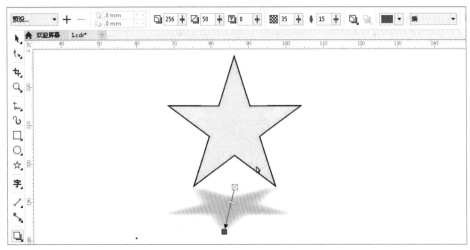

图 4-122 更改阴影

（2）工具箱中选择轮廓图工具，可以制作出深度感的效果。使用轮廓图工具可以给对象添加轮廓图效果，这个对象可以是封闭的，也可以是开放的，还可以是美术文本对象，只需一个图形对象即可完成。

在多边形上按住鼠标左键并向其中心拖动，释放鼠标即可创建出由图形边缘向中心放射的轮廓图效果，如图 4-123 所示。

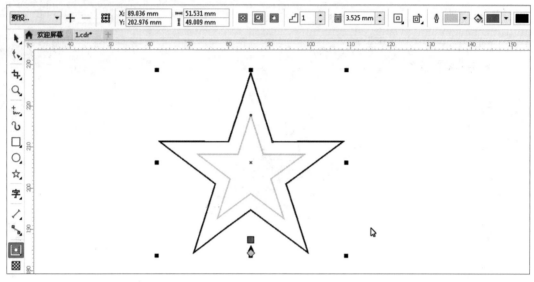

图 4-123　图形边缘向中心放射

如果选中对象后，按住鼠标左键向外拖动，释放鼠标即可创建出由图形边缘向外放射的轮廓图效果。在属性栏中可以调整数值和模式，呈现不同的效果，如图 4-124 所示。

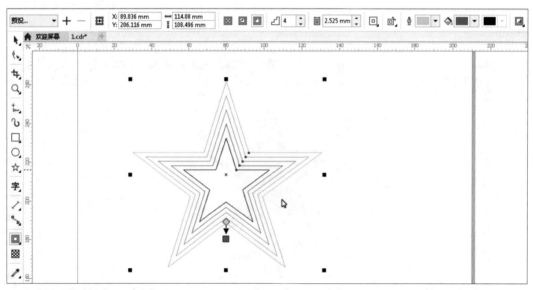

图 4-124　图形边缘向外放射

单击属性栏中的【填充色】按钮，在弹出的下拉列表中选择适合的颜色。此时轮廓图的填充颜色并没有显示，但是可以看到轮廓图中箭头所指的方块变成了当前填充的颜色。在右侧调色板中单击左键选择一种颜色，进行轮廓图的填充，为起端对象填充颜色，此时起端对象的填充色与中间轮廓的填充色就会产生渐变效果，如图 4-125 所示。

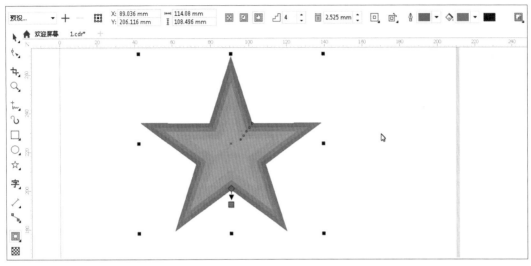

图 4-125　放射轮廓图上色

创建轮廓图效果后，可以根据需要将轮廓图对象中的放射图形分离成相互独立的对象。选中已创建的轮廓图对象，按快捷键【Ctrl+K】拆分轮廓图群组，然后执行【对象】→【组合】→【取消组合所有对象】命令，即可取消轮廓图的群组状态。对于取消群组的轮廓图，可以对其单独进行编辑及修改，如图 4-126 所示。

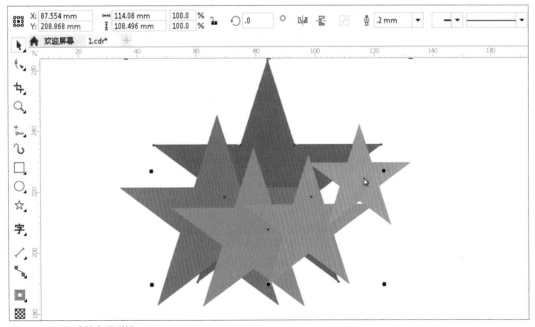

图 4-126　取消轮廓图群组

（3）工具箱中选择混合工具，可以将两个或多个图形对象进行调和，即将一个图形对象经过形状和颜色的渐变过渡到另一个图形对象上，并在这两个图形对象间形成一系列中间图形对象，从而形成两个图形对象渐变的叠影。

用混合工具可以在两个对象之间产生形状与颜色的渐变调和效果。在正方形对象上按住鼠标左键并向五角星形拖曳，释放鼠标即可创建调和效果，如图 4–127 所示。

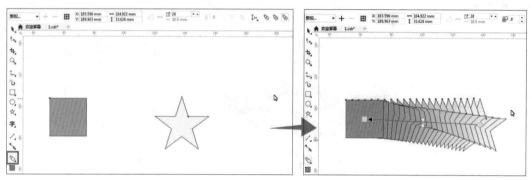

图 4–127　形状与颜色渐变调和

在属性栏中可以调整数值和模式，呈现不同的调和效果。

调和步长：用于设置调和效果中的调和步数，数值框中的数值即为调和中间渐变对象的数目。

调和方向：用于设置调和对象的角度。

环绕调和：按照调和方向在对象之间产生环绕式的调和效果。该按钮只有在设置了调和方向之后才可用。

直接调和：直接在所选对象的填充颜色之间进行颜色过渡。

顺时针调和：使对象上的填充颜色按照色轮盘中的顺时针方向进行颜色过渡。

逆时针调和：使对象上的填充颜色按照色轮盘中的逆时针方向进行颜色过渡。

（4）工具箱中选择变形工具，变形工具在我们平时使用中可以使一些简单的图形变换出意想不到的图形效果。

在工具属性栏中选择不同模式按钮。单击属性栏上的【推拉变形】按钮，向左向右会产生不同的效果，然后拖动鼠标直到对推变形量达到效果为止，如图 4–128 所示。

单击属性栏上的【拉链变形】按钮 ，然后拖动鼠标以确定拉链效果的振幅，如图 4–129 所示。

单击属性栏上的【扭曲变形】按钮 ，围绕对象按圆形拖动鼠标。离对象的边框越近，效果越明显。如果从对象的中心向外拖动，则扭曲效果较细微，如图 4–130 所示。

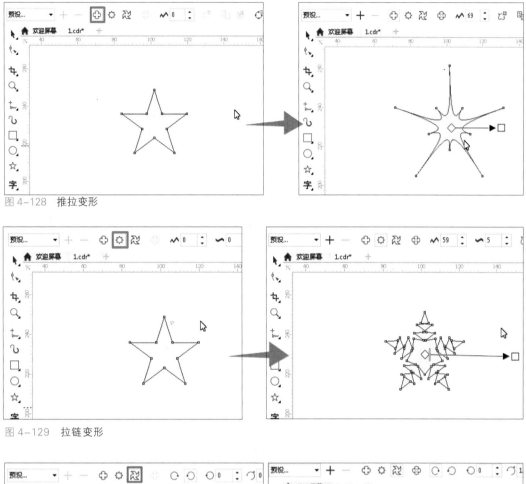

图 4-128　推拉变形

图 4-129　拉链变形

图 4-130　扭曲变形

（5）工具箱中选择封套工具，通过操纵边界框来改变对象的形状。通过对封套的节点进行调整来改变对象的形状，既不会破坏对象的原始形态，又能够制作出丰富多变的变形效果。封套的边线框上有多个节点，可以移动这些节点和边线来改变对象形状。封套工具有非强制模式、直线模式、单弧模式、双弧模式 4 种工作模式。

软件默认的封套模式是非强制模式，其变化相对比较自由，并且可以对封套的多个节点同时进行调整。可任意编辑封套形状，更改封套边线的类型和节点类型，调节节点的控制手柄，还可以添加和删除节点，如图 4-131 所示。

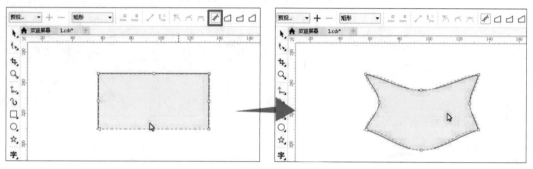

图 4-131　非强制模式

选中直线模式后，移动封套的节点时，可以保持封套边线为直线段，只能对节点进行水平和垂直移动，如图 4-132 所示。

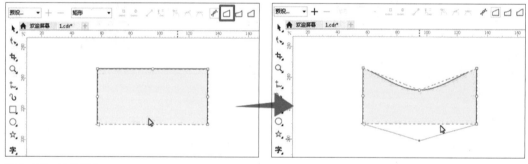

图 4-132　直线模式

选中单弧模式后，移动封套的节点时，应用封套构建弧形，如图 4-133 所示。

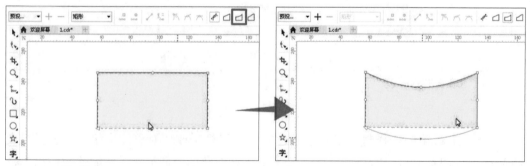

图 4-133　单弧模式

选中双弧模式后，移动封套的节点时，封套边线将变为 S 形弧线，如图 4-134 所示。

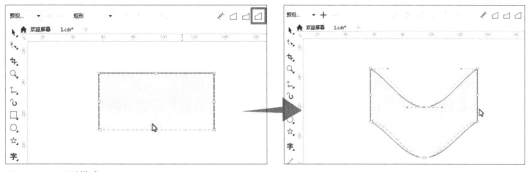

图 4-134　双弧模式

（6）工具箱中选择立体化工具，用于为对象添加立体化效果，并可调整三维旋转透视角度。要创建立体模型，需投射三维立体模型的方向拖动该对象；要调整立体模型的深度，需移动相应滑块；要更改立体模型的方向，可拖动 X 形透视图柄；要旋转立体模型，可双击该模型以显示其旋转手柄，然后拖动任一旋转手柄，如图 4-135所示。可以使用属性栏上的控件来调整立体模型。

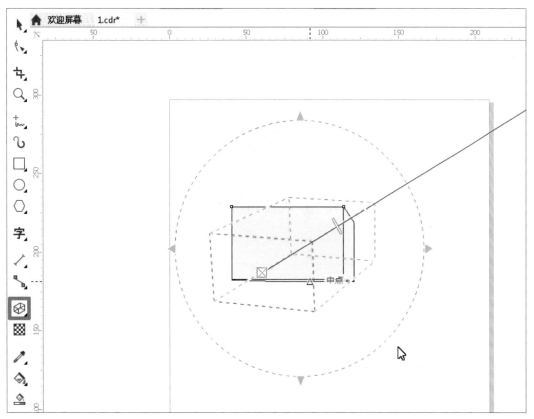

图 4-135　立体化工具

深度：用于设置立体化对象的透视深度。

灭点坐标：用于设置立体化对象透视消失点的位置。

灭点属性：可以锁定灭点至指定对象，也可复制或共享多个立体化对象的灭点。

页面或对象灭点：将灭点的位置锁定到对象或页面中。

立体化旋转：单击该按钮，在弹出的面板中拖动鼠标，即可调整对象的立体化方向。

立体化颜色：用于设置对象立体化后的填充类型。

立体化照明：为立体化对象添加光照效果。

清除立体化：单击该按钮，即可清除对象立体化效果。

（7）工具箱中选择块阴影工具。和阴影工具不同，块阴影由简单的线条构成，是屏幕打印和标牌制作的理想之选。要添加块阴影，需先单击对象，并朝所需方向拖动，直到块阴影达到所需大小，如图 4-136 所示。

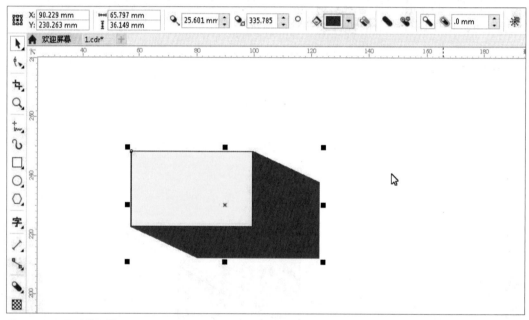

图 4-136　图形块阴影

要更改块阴影的方向和纵深感，可拖动矢量手柄；要更改块阴影的颜色，可将调色板中的颜色拖至结束手柄上；要从块阴影移除孔，可单击属性栏中的移除孔按钮。可以使用属性栏中的其他控件来调整块阴影。

（8）工具箱中选择块透明工具，透明度工具主要是让图片更真实，能够很好地体现材质，从而使对象有逼真的效果。使用透明度工具可以为封闭图形、文本、位图等对象创建均匀透明效果。

①均匀透明

选择图形，在工具箱中单击透明工具，在属性栏中点击【均匀透明】，可通过调整数值或滑块来控制图形的透明度，如图 4-137 所示。

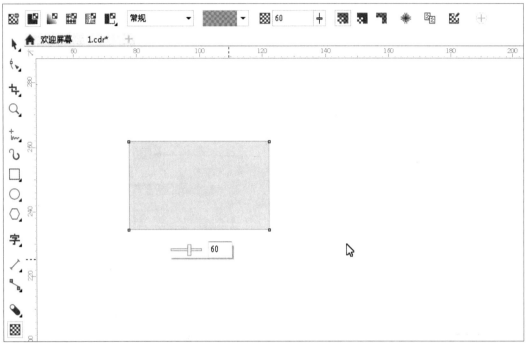

图 4-137　均匀透明

②渐变透明度

选择图形，在工具箱中单击透明工具，在属性栏中点击【渐变透明度】。选择工具之后随意拖曳，在拖曳的过程中会出现白色和黑色的小方块，其中白色代表不透明，黑色代表透明，中间虚线部分则是半透明区域。可以选定节点设置透明度数值的大小，如图 4-138 所示。

③向量图样透明度

由线条和填充组成的矢量图像比位图图像更平滑、复杂，但较易操作。选择图形，在工具箱中单击透明工具，在属性栏中点击【向量图样透明度】，单击【透明度挑选器】，在列表中选择一种向量图样，如图 4-139 所示。

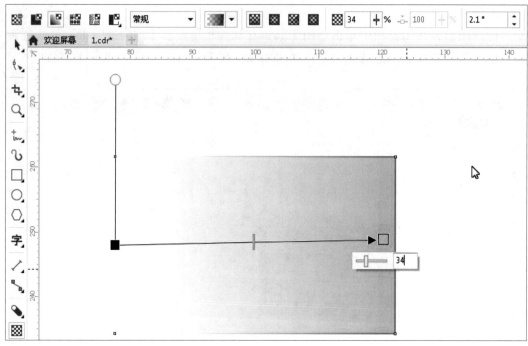

图 4-138　渐变透明度

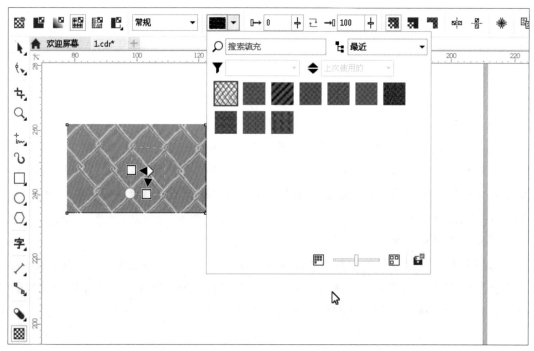

图 4-139　向量图样透明度

④位图图样透明度

选择由浅色和深色图案或矩形数组中不同的彩色像素所组成的彩色图像，在工具箱中单击透明工具，在属性栏中点击【位图图样透明度】，单击【透明度挑选器】，在列表中选择一种向量图样，可以选定节点调整不同效果，如图 4-140 所示。

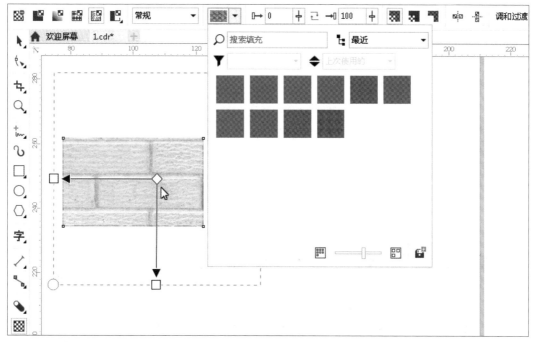

图 4-140　位图图样透明度

⑤双色图样透明度

选择图形，在工具箱中单击透明工具，在属性栏中点击【双色图样透明度】，单击【透明度挑选器】，应用于由黑白两色组成的图案后，黑色部分为透明，白色部分为不透明，在列表中选择一种图样，可以选定节点调整不同效果，如图 4-141 所示。

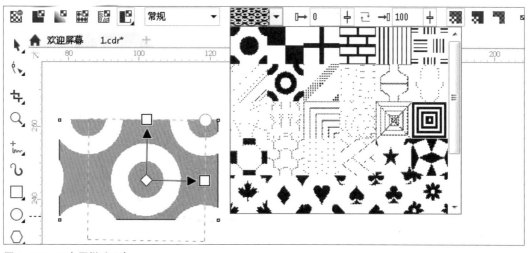

图 4-141　双色图样透明度

⑥渐变填充

在工具箱中单击交互式填充工具，在属性栏中单击【渐变填充】按钮，如图 4-142 所示。

渐变填充是一种重要的颜色表现方式，大大增强了对象的可视化效果。渐变填充主要分为线性渐变填充、椭圆形渐变填充、圆锥形渐变填充和矩形渐变填充 4种类型，如图 4-143 所示。

线性渐变填充效果如图 4-144 所示。

椭圆形渐变填充效果如图 4-145 所示。

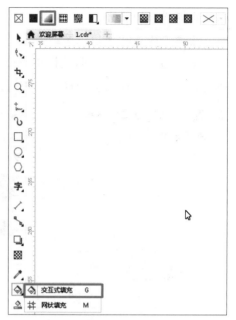

图 4-142　渐变填充

图 4-143　渐变填充的 4 种类型

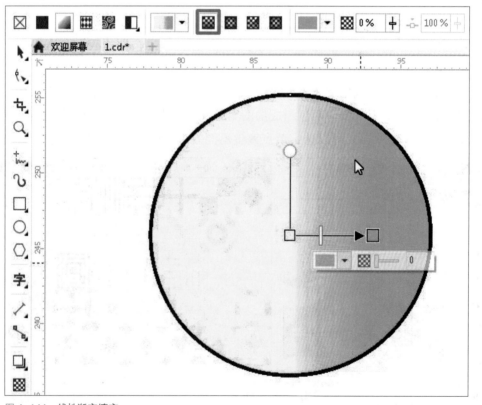

图 4-144　线性渐变填充

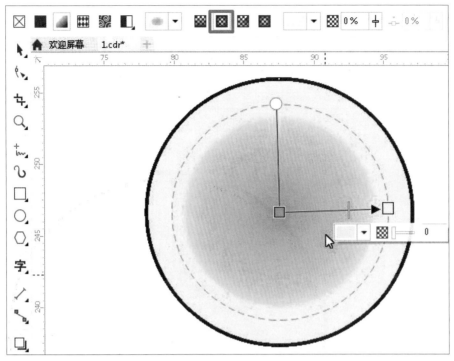

图 4-145　椭圆形渐变填充

圆锥形渐变填充效果如图 4-146 所示。

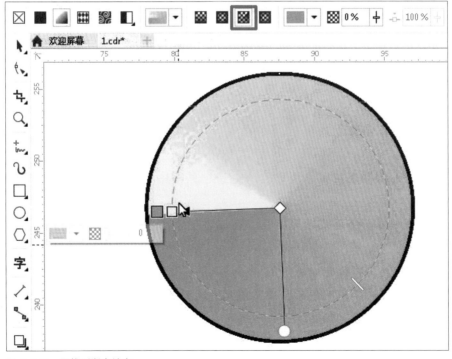

图 4-146　圆锥形渐变填充

矩形渐变填充效果如图 4-147 所示。

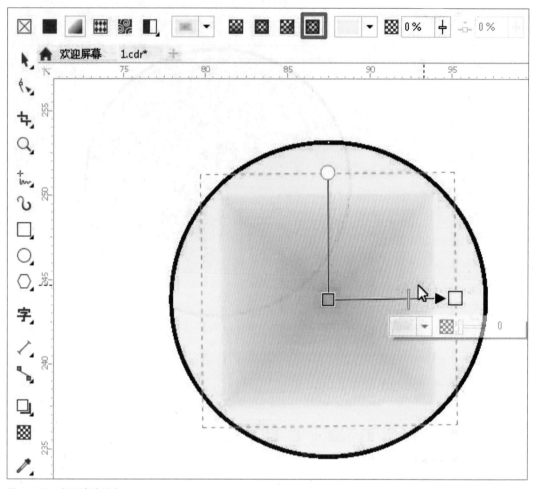

图 4-147　矩形渐变填充

在工具箱中单击交互式填充工具，在属性栏中单击【向量图样填充】按钮，如图 4-148 所示。

单击填充挑选器下拉框，可以从个人或公共库中选择向量图案来填充对象，如图 4-149 所示。

在工具箱中单击交互式填充工具，在属性栏中单击【位图图样填充】按钮，如图 4-150 所示。

位图图样填充是将预先设置好的许多规则的彩色图片填充到对象中去，这种图案和位图图像一样有着丰富的色彩。单击填充挑选器下拉框，可以从个人或公共库中选择位图图案来填充对象，如图 4-151 所示。

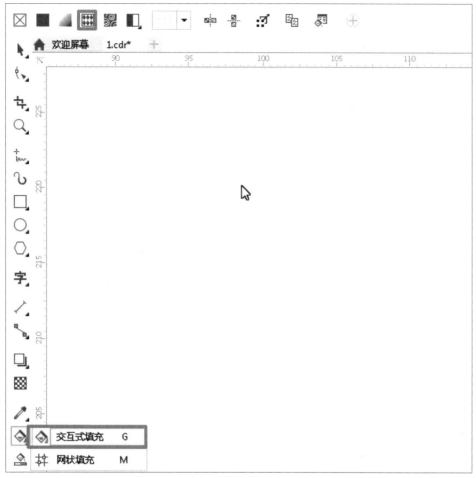

图 4-148　向量图样填充

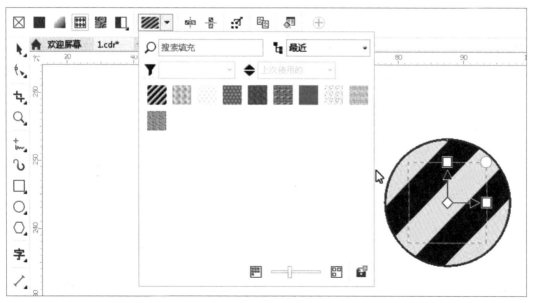

图 4-149　向量填充图案选择

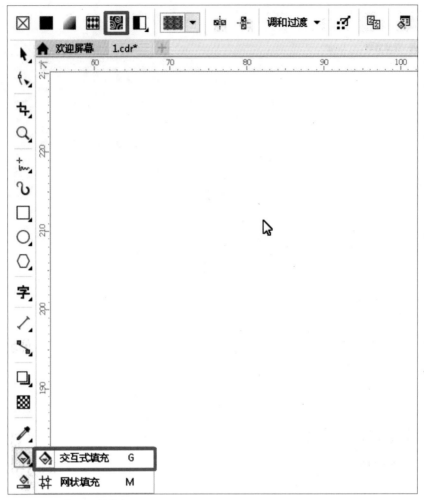

图 4-150 位图图样填充

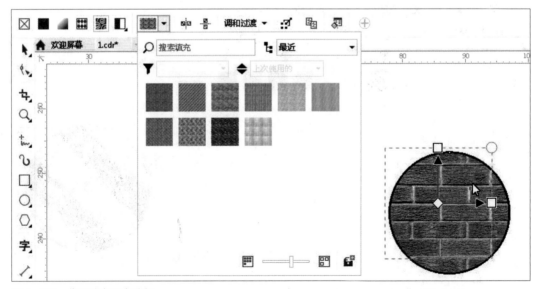

图 4-151 位图填充图案选择

在工具箱中单击交互式填充工具，在属性栏中单击【双色图样填充】按钮，在列表中选择双色图样填充，如图 4-152 所示。

单击填充挑选器下拉框，可以从个人或公共库中选择图案来填充对象，属性栏有前景颜色和背景颜色，可以点开下拉框选择各种颜色，如图 4-153 所示。

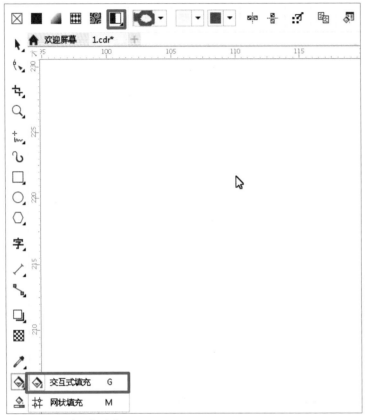

图 4-152　双色图样填充

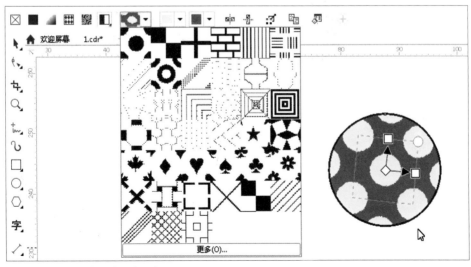

图 4-153　双色图样填充图案选择

在工具箱中单击交互式填充工具，在属性栏中单击【双色图样填充】按钮，在列表中选择【底纹填充】，如图 4-154 所示。

在属性栏中单击【底纹库】，从下拉列表中选择提供的样本，从后面的【填充挑选器】中选择要填充的底纹，填充效果，如图 4-155 所示。

在属性栏中单击【底纹选项】对话框，其中可以设置位图分辨率和最大平铺宽度，位图分辨率越高，其纹理显示越清晰，但文件的尺寸也会增大，所占的系统内存也就越大，如图 4-156 所示。

在工具箱中单击交互式填充工具，在属性栏中单击【PostScript 填充】按钮，在列表中选择底纹填充，如图 4-157 所示。

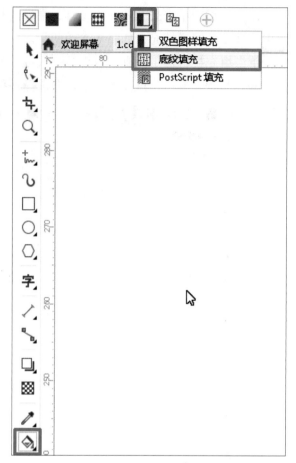

图 4-154 底纹填充

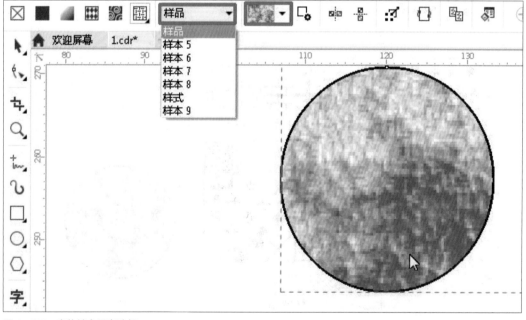

图 4-155 底纹填充图案选择

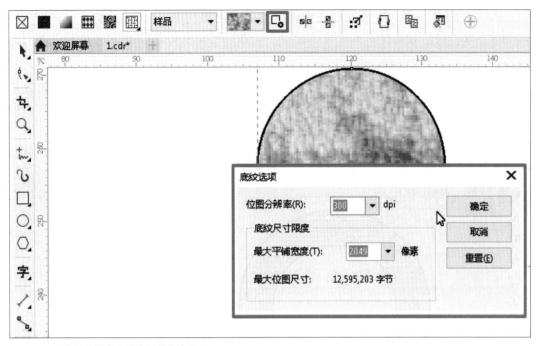

图 4-156　位图分辨率和最大平铺宽度设置

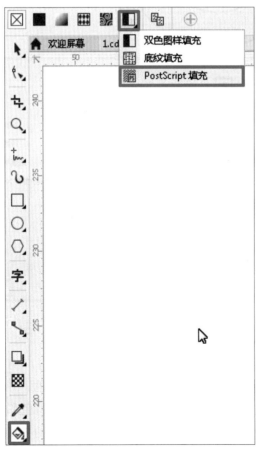

图 4-157　PostScript 填充

PostScript 填充是一种特殊的花纹填色工具，可以利用 PostScript 语言计算出一种极为复杂的底纹。这种填色不但纹路细腻，占用的空间也较小，适用于较大面积的花纹设计。

打开"编辑填充"对话框，可以在下拉列表中选择合适的底填充纹样，在参数选项栏中会显示相对应的参数，修改参数后，单击"刷新"按钮，观察调整效果，效果满意后单击"确定"，填充效果如图 4-158 所示。

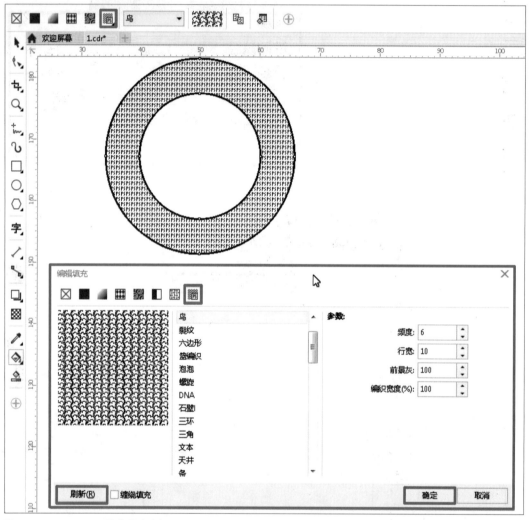

图 4-158　PostScript 填充图案选择

（9）在工具箱中单击网状填充工具，网状工具是一种多点填色工具，可以创造出复杂多变的网状填充效果，每一个网点可以填充不同的颜色，并可定义颜色的扭曲方向，而这些色彩之间还会产生晕染效果。在使用时，通过将色彩拖到网状区域制作出丰富的视觉立体感效果。网状填充工具可以创建任何方向的平滑的颜色过渡，网状填充工具属性栏（左上角）可设置网格数，如图 4-159 所示。

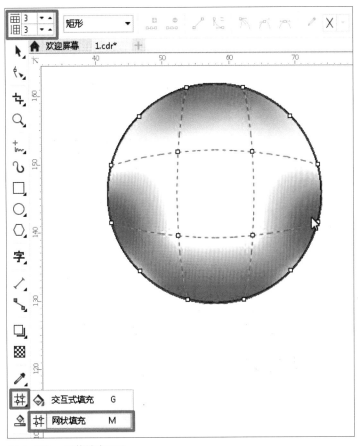

图 4-159　网状填充工具

使用拖曳的方法可将调色板的粉色拖到网状范围内，如图 4-160 所示。

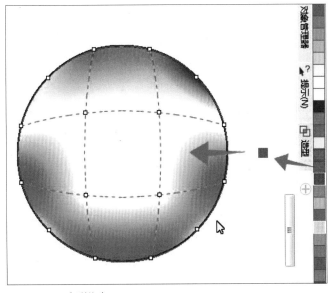

图 4-160　色彩拖曳

通过对节点的调整，可以相应地调节颜色的位置及形状，如图 4-161 所示。

在工具箱中单击智能填充工具，如图 4-162 所示。智能填充工具与其他填充工具不同，不仅可以填充对象，还可以填充区域，只要一个或多个对象的路径完全闭合为一个区域，可自动进行识别填充。智能填充工具不但可以用于填充区域，还可以用于创建新对象，如图 4-163 所示。

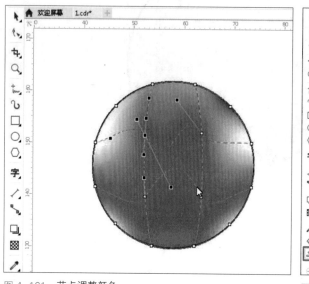

图 4-161　节点调整颜色　　　　　　　　　　　　图 4-162　智能填充工具

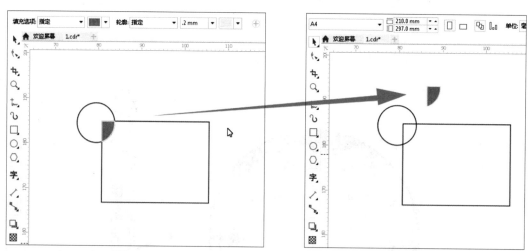

图 4-163　智能填充创建新对象

在日常的使用过程中我们需要熟练掌握交互式填充工具和智能填充工具的特点，在设计过程中合理地使用对应工具。

（10）在工具箱中单击颜色滴管工具，利用颜色滴管工具可以快速将指定对象的颜色填充到另一个对象中，如图 4-164 所示。

图 4-164　颜色滴管工具

属性栏中各按钮的功能如下：

选择颜色工具：从文档窗口进行颜色取样。单击某一点，即可选取该位置的颜色。

应用颜色工具：将所取色应用到对象上。在图形内部单击，为图形填充颜色；在图形轮廓上单击，为其指定轮廓色。

从桌面取样滴管工具：对应用程序外的颜色进行取样。

1×1 颜色滴管工具：单像素颜色取样。

2×2 颜色滴管工具：对 2×2 像素区域中的平均颜色值进行取样。

5×5 颜色滴管工具：对 5×5 像素区域中的平均颜色值进行取样。

鼠标移动到相应颜色上并单击鼠标左键，当前位置的颜色即被选中，并显示在属性栏中，而且自动切换到应用颜色的启动状态。将鼠标移动到要填充颜色的图形上，当鼠标变为颜料桶形状时，单击鼠标左键即可将所选颜色应用到对象上，如图 4-165 所示。

（11）在工具箱中单击属性滴管工具，如图 4-166 所示。属性滴管工具可为绘图窗口中的对象选择并复制对象属性，如线条粗细、大小和效果等。

在属性栏中单击【属性】【变换】【效果】按钮，可选择需要复制的属性。在弹出的下拉面板中根据实际需要进行相应的设置，然后进行勾选，如图 4-167 所示。

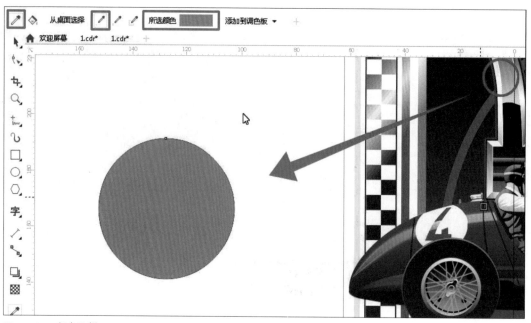

图 4-165　颜色取样

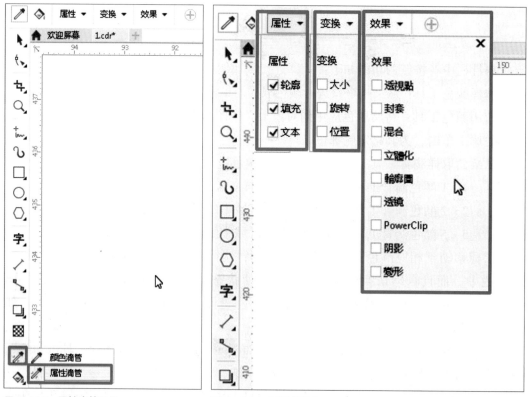

图 4-166　属性滴管工具　　　　　　图 4-167　属性栏设置

　　属性滴管工具不仅可以复制对象的填充、轮廓颜色等效果，还能够复制对象的渐变效果等属性。将鼠标移动到需要吸取属性的图形上，当光标变为滴管形状时，在指定对象上单击即可吸取属性。然后将鼠标移动到需要填充的图形上，当光标变为颜料桶形状时在指定对象上单击，即可填充属性，如图4-168所示。

图4-168　复制对象渐变效果属性

4.4　文本与表格编辑

　　CorelDRAW 不但对图形有强大的绘制编辑功能，对文字也有很强的编排能力，可通过文本工具添加美术字文本和段落文本等。

　　文字对象可以分为美工文字和段落文字，美工文字主要用于标题或者图标环境具有文字外形的环境部分。在工具箱中单击文本具，如图4-169所示。要对已有的美术字文本进行修改，可以单击工具箱中的"文本工具"按钮，然后在需要更改的文本上双击，即可对其进行编辑。同时，美工文字也可以直接被转换为曲线对象，实现

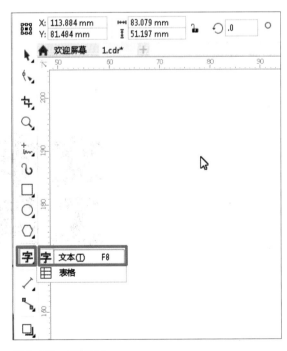

图4-169　文本工具

文字类的图标绘制，在工作界面中单击，可进行美工文字输入，在美工文字输入的过程中，不能自动换行，可按【Enter】键进行换行，如图 4-170 所示。

　　美工文本创建完成之后，可以运用选择工具进行缩放控制，在属性栏中完成字体字号等常规的格式设置，如图 4-171 所示。

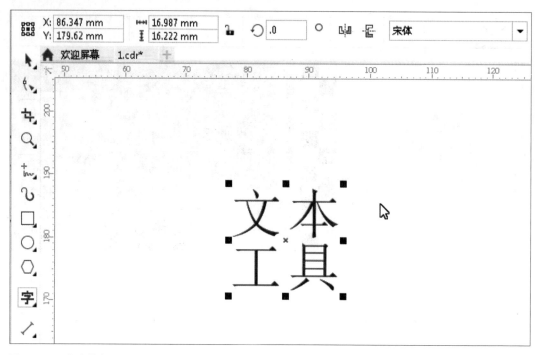

图 4-170　文字换行

图 4-171　属性栏字体格式设置

字体和图形一样，其颜色也分为填充色和边框色，如图 4-172 所示。

可通过菜单栏中【文本】→【文本属性】对文本进行其他格式处理，如图 4-173 所示；可以通过文本属性面板对文本进行字体、字号、色彩、英文字母大小写转换、字体位置等属性的应用处理，如图 4-174 所示。

选择工具栏中的形状工具，可以对文本左右下角出现图标进行方向拖动，快速进行行距和字距的调整，如图 4-175 所示。

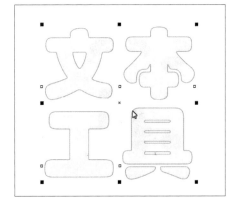

图 4-172　字体颜色填充

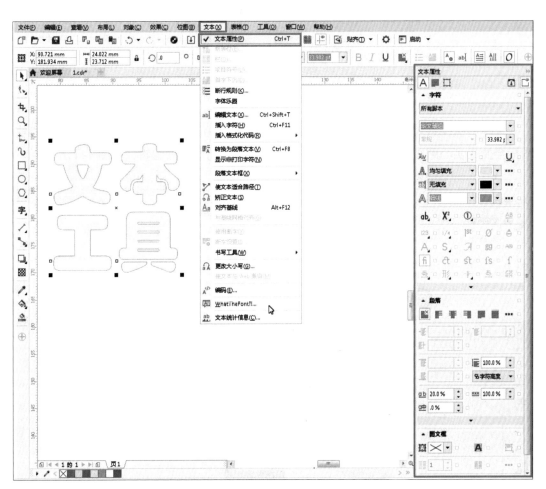

图 4-173　文本属性设置

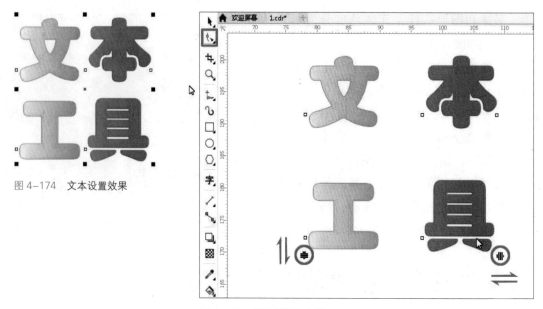

图 4-174 文本设置效果

图 4-175 调整行距和字距

选择形状工具时文本中的每个文字左下角都会有一个空心方形小图标，单击小方块图标会变成实心的小方块，此时可对文字单独进行不同属性的编辑，如图 4-176 所示。

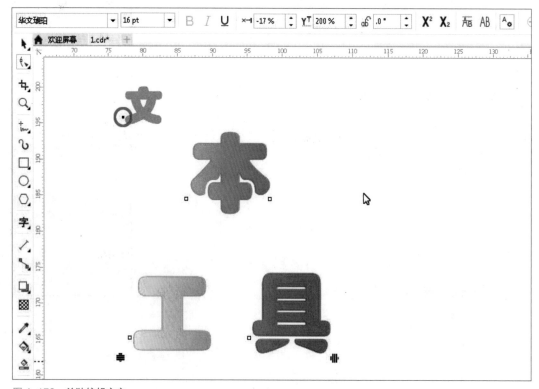

图 4-176 单独编辑文字

在实际的应用操作过程中，除了横向和竖向的文本形式，有时在一些特殊情况下，会运用到路径文本，路径文本中的路径既可以是开放的，也可以是闭合的。

选择工具栏中的手绘工具，绘制一条曲线开放路径，如图 4-177 所示。

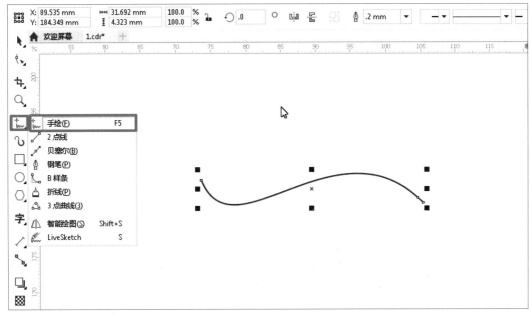

图 4-177　曲线路径绘制

选择文字工具将鼠标移动到曲线路径的起点或终点，此时鼠标指针会发生变化，单击鼠标左键，可进行文字输入，如图 4-178 所示。

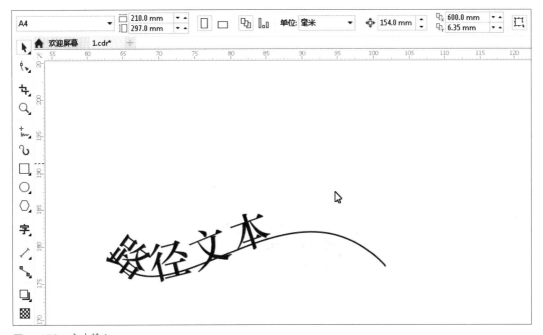

图 4-178　文本输入

在实际的移动操作中，文字和路径可以分开进行选择，用选择工具第一次单击时选择的是路径和路径文本整体，如图4-179所示。再次将鼠标指向路径文字进行单击，此时只有路径文本被选定，拉动文字可将路径文本在路径上进行移动缩放，如图4-180所示。

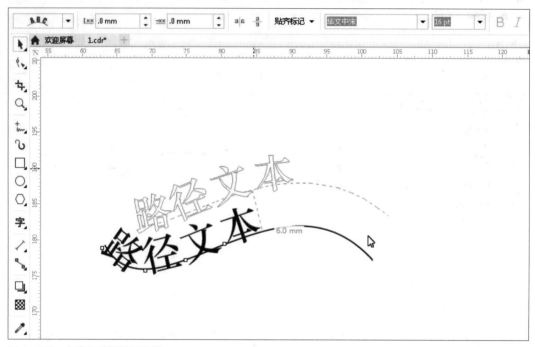

图4-179　文字和路径同时选择

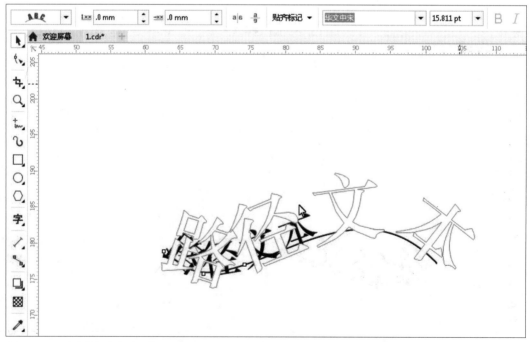

图4-180　单独选择文本移动缩放

　　用以上方法单独选择路径，可通过选择工具箱的形状工具对路径进行调整，路径文本会随着路径的改变而改变，如图 4-181 所示。

　　选择椭圆形工具创建闭合路径，如图 4-182 所示。

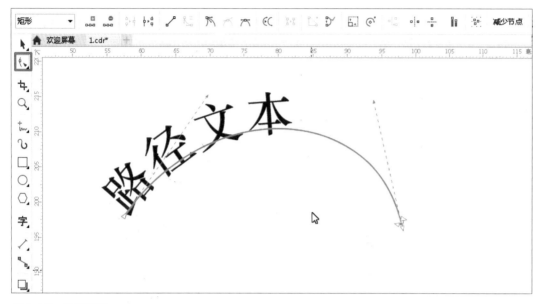

图 4-181　路径调整

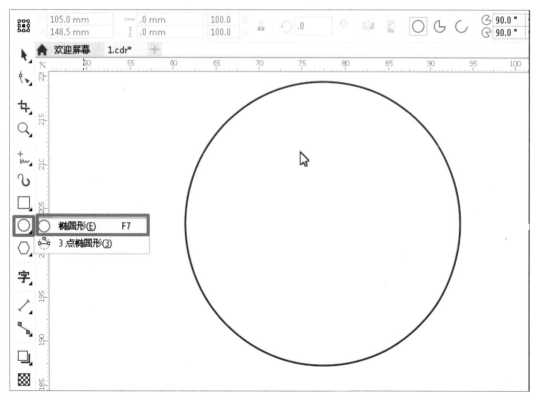

图 4-182　椭圆形闭合路径

选择文字工具将鼠标移动到闭合曲线路径上，此时鼠标指针会发生变化，单击鼠标左键，可进行文字输入，如图 4-183 所示。

在设计过程中我们经常需要在指定的图形内进行文本段落的创建，首先在工具箱中选择基本形状工具，绘制一个图形，如图 4-184 所示。

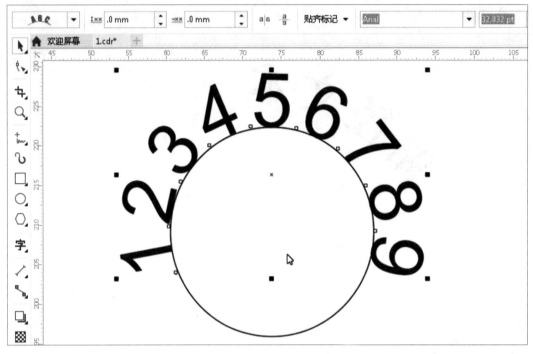

图 4-183　文本输入

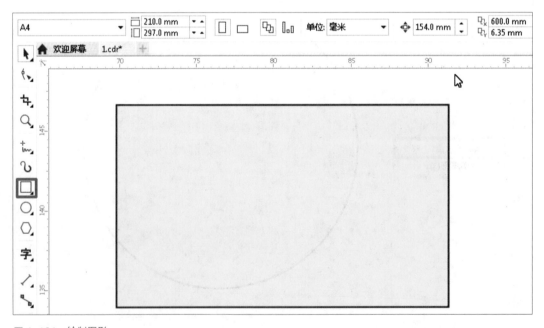

图 4-184　绘制图形

其次单击工具箱中的文本工具，在页面中按住鼠标左键并拖动，绘制一个矩形文本框，然后在其中输入或复制段落文本，在属性栏中设置文本大小和字体，如图 4–185 所示。

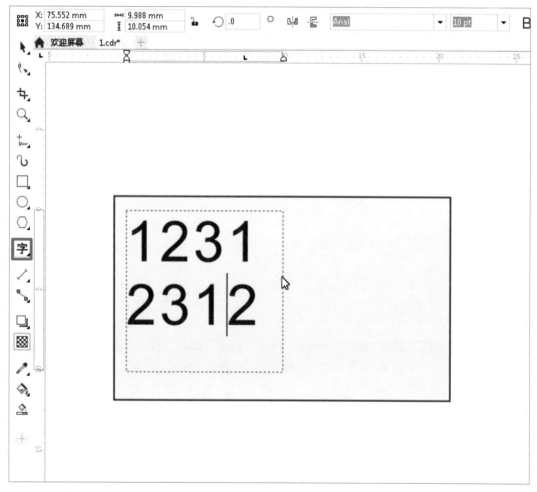

图 4–185 绘制矩形文本框并输入文本

文本的编辑过程中，可以和闭合路径相结合，使文本保留其匹配对象的形状。

绘制一个图形如图 4–186 所示。然后在工具箱中选择文本工具，将光标移至封闭图形内侧的边缘，图形内会显示相同形状的虚线表示可以进行内部文字编辑，如图 4–187 所示。

根据图形大小，调整文字字体大小，单击并输入文字，如图 4–188 所示。

在日常的文本编辑过程中，有时需要将已经编辑好的文字添加到指定图形内，如图 4–189 所示。

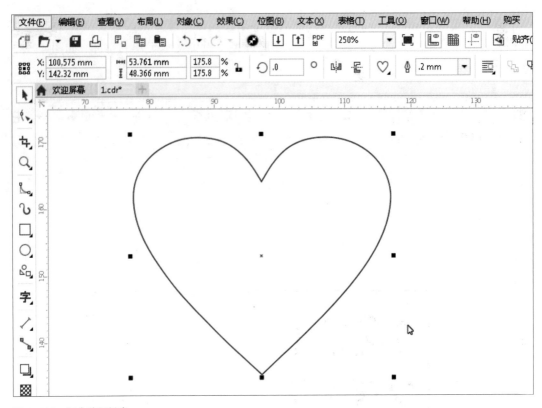

图 4-186　闭合路径创建

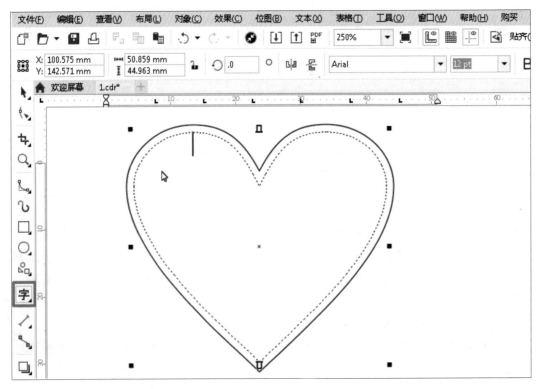

图 4-187　内部文字编辑

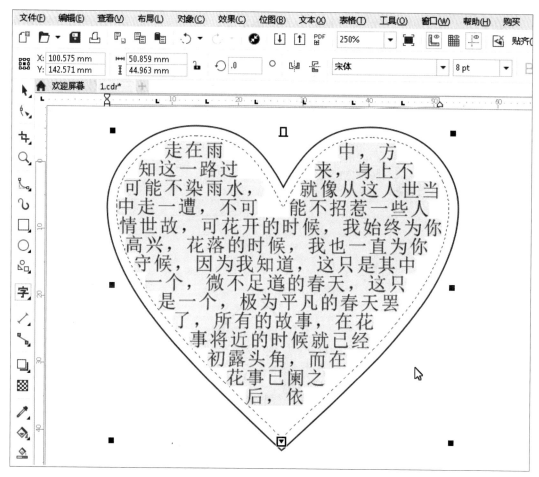

图 4-188　文本输入

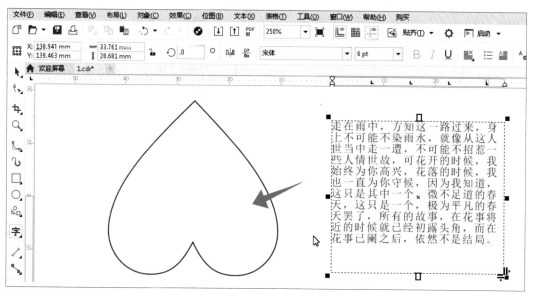

图 4-189　闭合路径和文本

　　在文本上按住鼠标右键将其拖动到封闭图形路径内，松开鼠标，在弹出的快捷菜单中选择【内置文本】命令，如图 4-190 所示。

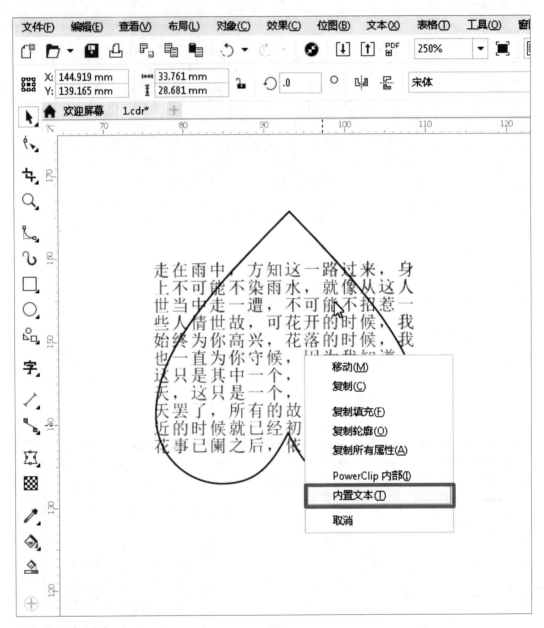

图 4-190　内置文本

此时，文本会置入到封闭的图形路径内部，如图 4-191 所示。

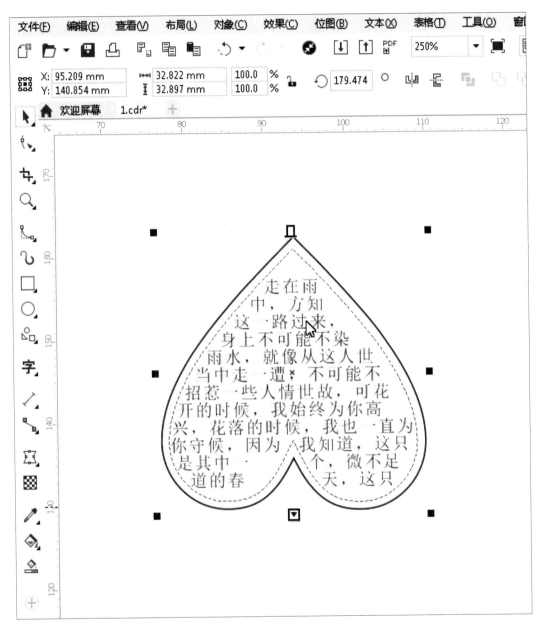

图 4-191　文本置入路径内部

第二篇
项目实训

实 训 一

平面广告设计

1.1 课程概况

1.1.1 内容概要

（1）平面广告概念

广告是指为了某种特定的需要，通过一定形式的媒体公开广泛地传递信息的宣传手段。平面广告是现代商业宣传设计中运用较多的一种广告形式，平面广告设计在广告中占有重要的位置，其在内容上可以分为经济性广告和非经济性广告。经济性广告也称为商业广告，是以营利为目的的广告，它们是商品生产者、经营者和消费者之间信息沟通的重要手段，是企业占领市场、推销产品、提供劳务的重要方式。非经济性广告不以营利为目的，多以注重某种效应和观点为目的，常见的有政治广告、公益广告。在非经济性广告中，政治广告往往以新闻或宣传的形式出现，对执政党的路线、方针等信息进行传播；公益广告则是指为维护社会道德，帮助改善和解决社会公共问题而组织开展的广告活动，它一般由特定的行政部门或群众团体组织策划，通过由广告客户、媒体及广告公司等组成的公益广告机构来进行。

（2）平面广告设计要素

广告在表现传达形式上可分为视觉、听觉、视听觉三种形式，平面广告设计属于视觉类，其构成要素有图形、文字、色彩和版面等，这些元素在平面广告设计中有着不同的作用，在一幅平面广告作品中它们各施所长，互相呼应，传达着不同的信息。

① 图形元素：在平面广告设计过程中，图形占有重要的主导地位。图形能够给人以直观的形象，图形元素给人的印象要比文字深刻得多，也是观众观看广告时最先看到的广告视觉元素，并且担负着了解正文内容的重任，可以更好地突出产品特征，引起观众的兴趣。

② 文字元素：文字是人类传播信息的重要媒介之一，也是平面广告设计中不可缺少的元素。文字是最早的视觉传达符号，文字既可以作为记录信息的载体，又能成为一种完整的、独特的艺术形式，给人以美的视觉享受。由于文化发展及历史的不同，各国文字的形式也不尽相同，设计者在设计认知过程中可从代表华夏文明的汉字体系和代表西方文明的拉丁字母文字体系两大方面进行构思。

③ 色彩元素：平面广告设计中的色彩具有其他元素无法取代的位置，色彩搭配是决定一幅作品是否精彩、是否动人的重要因素。好的色彩设计可以增强广告的视觉冲击力，也可以反映出广告形象的个性特点和相关的诉求对象的属性，给观众一种强有力的感知力，并且在传达信息的同时给人一种美的视觉享受。

④ 版面元素：版面是图形、文字和色彩这些因素在平面广告上的一种整体布局和安排，版面设计是体现在各种元素之间的组合关系，它们在整体上有序排列，不同的编排方式可使这些元素更加有视觉张力、生命力。版面设计是平面广告设计中十分重要的设计环节，而且版面的编排不同于图形、文字和色彩的设计，是一种整体素养的体现。

1.1.2　训练目的

结合平面广告的设计理念特点，熟练掌握软件工具的功能和应用技巧，实现脑海中的广告思维创意，进一步了解平面广告设计要素的特点，制作出较好的平面广告作品。

1.1.3　重点和难点

平面广告设计的重点和难点在于对于不同主题内容的构思和不同工具的结合使用；如何通过深入学习软件将自己的平面广告创意想法呈现出来；如何通过图形和色彩等多元素的设计突出广告主题，使广告具有强烈的视觉效果，更加吸引观者。

1.2 设计案例一（儿童节灯箱平面广告设计）

1.2.1 思路解析

本案例是关于儿童节的灯箱广告设计，定位在于宣传儿童节，非营利性。其应用场所分布于道路、街道两旁，以及影院、展览会、商业闹市区、车站、机场、码头、公园等公共场所。主要针对少年儿童群体，设计少年儿童喜欢的儿童节灯箱，让少年儿童感受节日到来的氛围。

1.2.2 步骤详解

不同的环境场所需要不同尺寸和主题的灯箱，设计者应根据实际应用场所，进行主题构思和尺寸设计。

（1）根据场地实体灯箱尺寸进行设置。单击【文件】→【新建】命令，或使用快捷键【Ctrl+N】创建新文档，如图 5-1 所示。根据实际灯箱尺寸，设置宽度 100 mm，高度 150 mm，命名为"儿童节灯箱平面广告设计"。

（2）点击矩形工具，设置宽度 100 mm，高度 150 mm，如图 5-2 所示。

图 5-1 创建文档

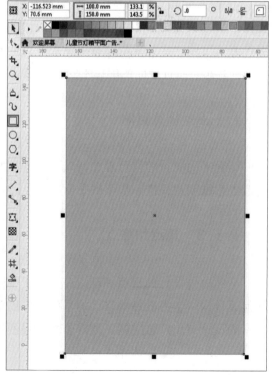

图 5-2 设置背景尺寸

（3）设置背景色彩时，结合六一儿童节受众对象特点选用蓝色为主色，体现儿童的天真纯洁。填充颜色数值设置为（C:58 M:0 Y:0 K:0），如图 5-3 所示。

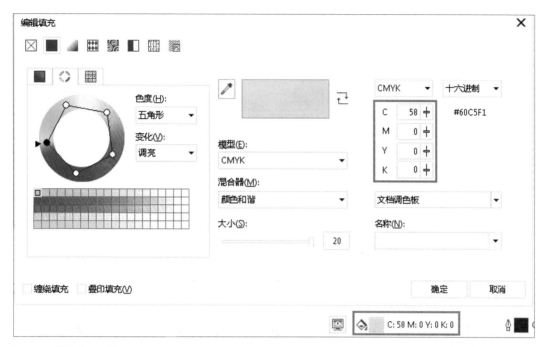

图 5-3　设置背景色彩

（4）绘制一个矩形，设置宽度 25mm，长度 35mm，填充颜色数值设置为（C:76 M:20 Y:0 K:0），左键单击矩形，矩形周围符号变换后，进行旋转调整角度，如图 5-4 所示。

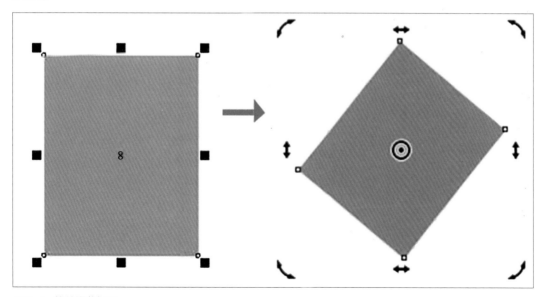

图 5-4　旋转调整矩形

（5）按快捷键【Ctrl+C】连续复制多个矩形，并调整角度，避免视觉形式单一，如图 5-5 所示。

（6）用选择工具全选多个矩形，按快捷键【Ctrl+G】进行组合，点击透明度工具，调整透明度，设置数值为 42，如图 5-6 所示。

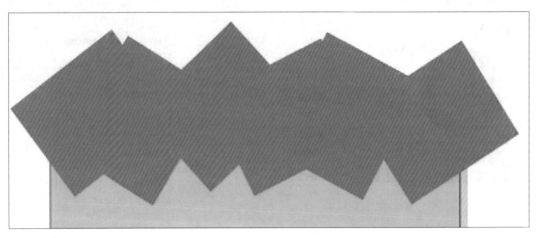

图 5-5 复制多个矩形

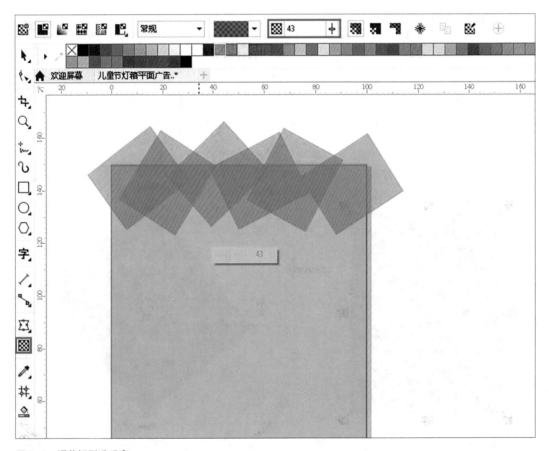

图 5-6 调整矩形透明度

（7）复制矩形组合，并移动至底部，如图 5-7 所示。

（8）用裁剪工具进行裁剪，裁剪结果如图 5-8 所示。

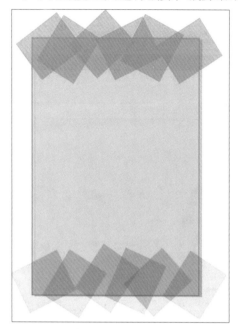

图 5-7 对称复制矩形组合

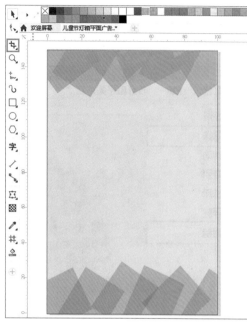

图 5-8 裁剪图形

（9）接下来制作儿童节可爱的树。先制作树冠，点击椭圆工具进行编辑填充，点击渐变填充，对椭圆形进行渐变填充，设置数值，如图 5-9 所示。

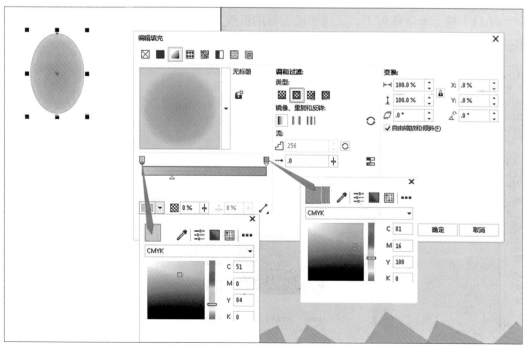

图 5-9 填充树冠色彩

（10）长按形状工具，显示下拉菜单，点选粗糙工具，对椭圆边缘进行涂抹，形成波浪效果，表现树冠边缘；点击涂抹工具，变换树冠的形状，如图 5-10 所示。

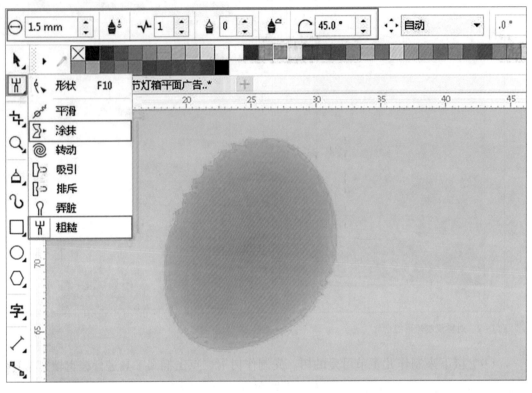

图 5-10　调整树冠形状

（11）接下来制作树干，点选手绘工具的折线工具，填充颜色，数值设置为（C:49 M:89 Y:100 K:26），如图 5-11 所示。

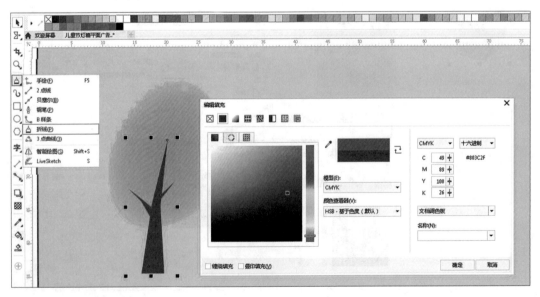

图 5-11　绘制树干并填充颜色

（12）重复步骤（11），做大小不同的五棵树，注意树冠颜色的差异性，调整不同图层，实现前后叠加的效果，如图 5-12 所示。

图 5-12　制作多个树

（13）用椭圆工具制作树林的阴影，如图 5-13 所示，注意树林阴影不宜过宽。

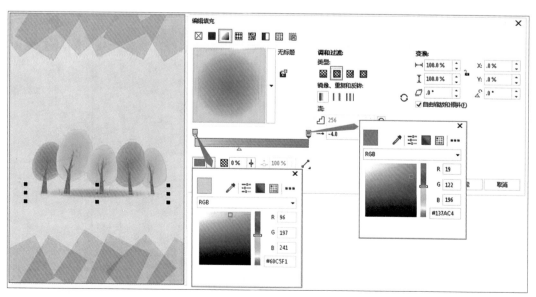

图 5-13　制作树林阴影

（14）点选艺术笔工具，在下拉栏里选择【飞溅】笔刷，为树冠增加一些生动的装饰效果，如图 5-14 所示。

图 5-14　增加树冠装饰

（15）利用椭圆工具制作多个椭圆作为树林上方的云彩，如图 5-15 所示。

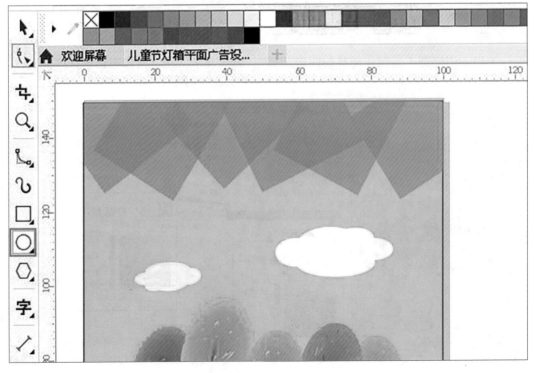

图 5-15　制作云彩

（16）制作文本"六一儿童节快乐"，字体居中显示，醒目明了。点选文本工具，输入"六一儿童节快乐"，选用华文琥珀字体，字号设置为 46 pt，如图 5-16 所示。

（17）点选变换，相对位置设置为下方，副本个数为 2，点击应用。复制两个副本为后面制作字体效果做准备，如图 5-17 所示。

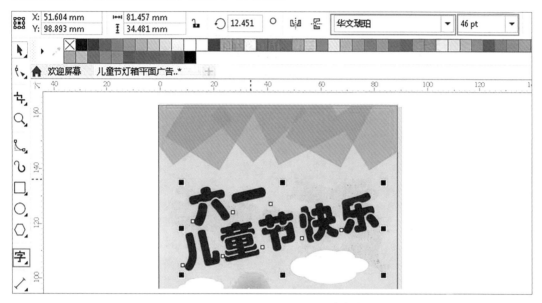

图 5-16 "六一儿童节快乐"文本输入

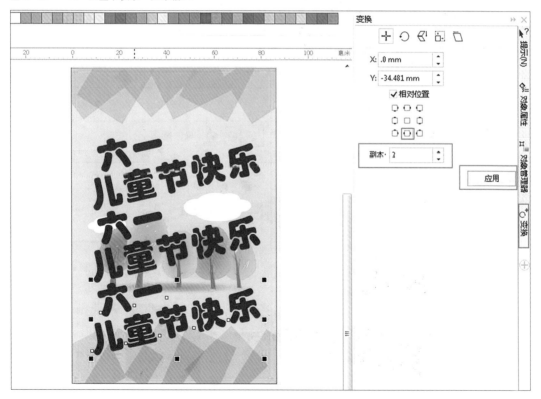

图 5-17 复制文本

（18）字体信息在整个画面中占主导地位，为了更加醒目，需要制作成立体效果。点选立体化工具，选择立体化，如图 5-18 所示。

（19）调整立体颜色，选择立体化颜色，点击使用递减颜色，如图 5-19 所示。

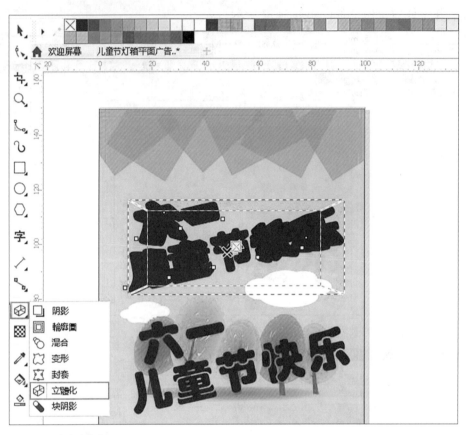

图 5-18　文本立体化

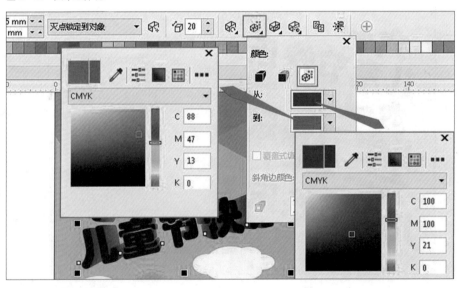

图 5-19　设置立体化颜色

（20）字体颜色数值设置为（C:98 M:93 Y:20 K:0），如图 5-20 所示。

（21）将备用文字颜色设置为白色，叠加在立体文字上，如图 5-21 所示。

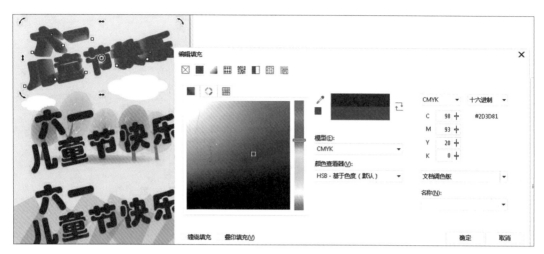

图 5-20　设置字体颜色

图 5-21　文本叠加

（22）再次将备用文字叠加，调整合适位置，颜色选择渐变红色，如图 5-22 所示。

（23）接下来制作棒棒糖。点选椭圆形工具，按住快捷键【Shift】并拖动鼠标左键，制作棒棒糖底色，如图 5-23 所示。

（24）点选螺旋纹工具，按快捷键【Shift】并拖动鼠标左键，制作棒棒糖纹路，如图 5-24 所示。

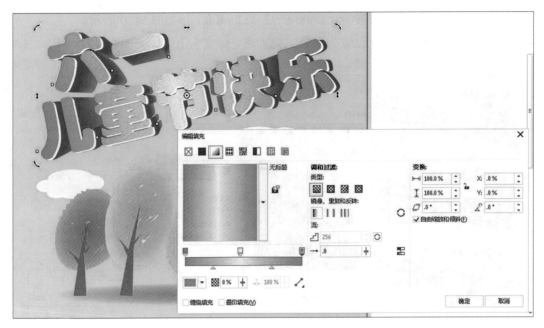

图 5-22　设置文本颜色

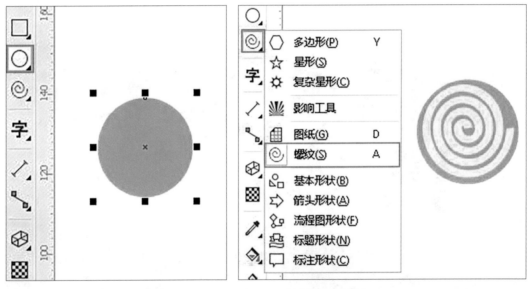

图 5-23　制作棒棒糖底色　　　　　　　图 5-24　制作棒棒糖纹路

（25）按快捷键【Shift+G】将棒棒糖底色和棒棒糖纹路变成组合对象。选择棒棒糖，点选菜单栏【对象】→【PowerClip】后，选择置于图文框内部，如图 5-25 所示。

（26）点选后，鼠标变成黑色箭头，此时点选"六一儿童节快乐"文本，棒棒糖会显现于字体框内，如图 5-26 所示；文本下方显示编辑栏，点选编辑，可将棒棒糖底纹调整合适位置和大小，如图 5-27 所示。

图 5-25　棒棒糖图形置于图文框内部

图 5-26　棒棒糖置于文本底部

图 5-27　调整底纹位置

（27）重复步骤（26），做颜色大小不同的棒棒糖，进行叠加，如图 5-28 所示。

图 5-28　棒棒糖图形置于图文框最终效果

（28）合理运用手绘工具，进行儿童与气球的绘制。只用白色勾勒儿童轮廓，并给气球上色，如图 5-29 所示，注意细心与耐心，完成绘制。

（29）最后在最上层制作五颜六色的花卉，如图 5-30 所示。

图 5-29　绘制儿童与气球

图 5-30　制作花卉

（30）儿童节灯箱平面广告设计完成，最终效果如图 5-31 所示。

图 5-31 儿童节灯箱平面广告效果图

1.3 设计案例二（雨水节气海报制作）

1.3.1 思路解析

本案例制作十二节气中的雨水，在制作内容上要能够体现雨水节气的特点，画面风格应传统典雅，设计过程中要注意颜色的合理搭配。

1.3.2 步骤详解

（1）创建新文档并设置参数值，如图 5-32 所示。

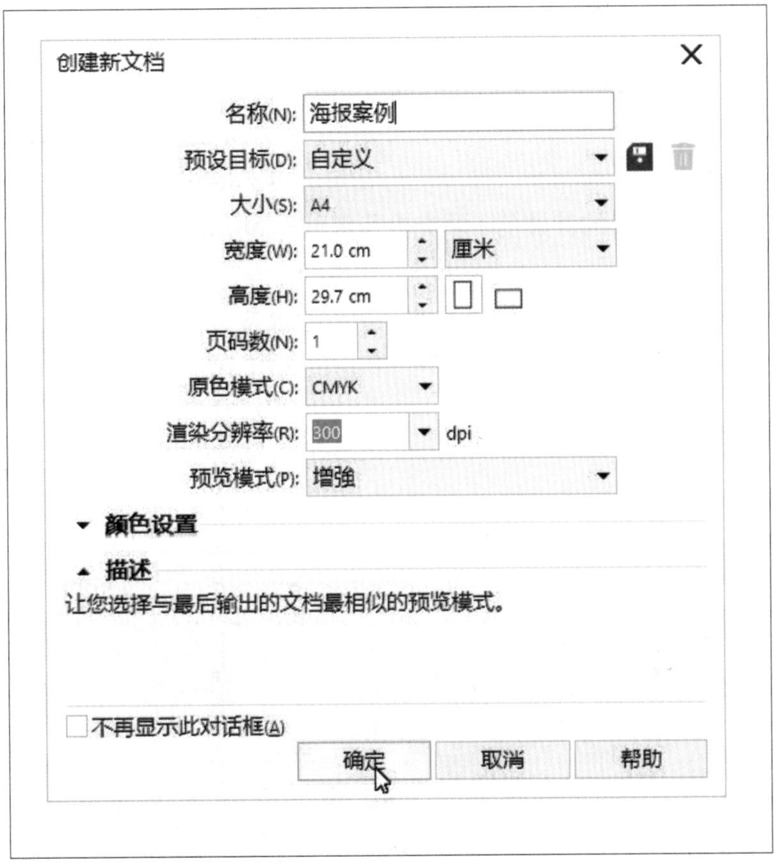

图 5-32 新建文档

（2）运用矩形工具绘制一个矩形，将参数设置成绘图区大小，选中矩形，配合快捷键【P】键将其居中到绘图区，如图 5-33 所示。

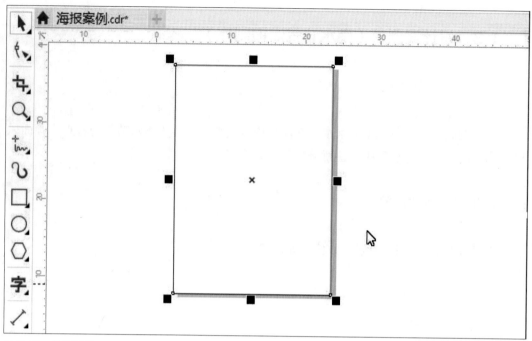

图 5-33 绘制矩形

（3）将矩形（即海报的背景色）填充为淡黄色（C:0 M:0 Y:20 K:0），如图 5-34 所示。

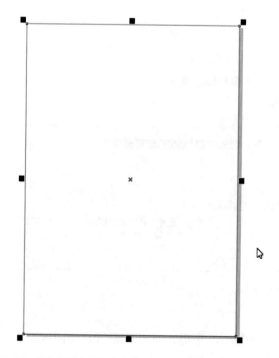

图 5-34 设置矩形色彩为淡黄色

（4）接下来为海报添加元素。运用矩形工具绘制一个矩形，且宽度要大于海报宽度，以便后续调整，如图5-35所示。

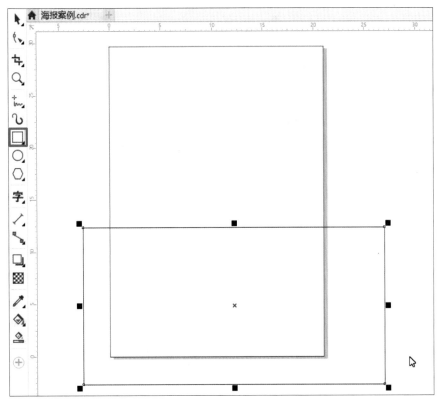

图5-35　绘制横向矩形

（5）填充该矩形为天蓝色（C:100　M:20　Y:0　K:0），并在调色板的"无色"色块处单击鼠标右键取消矩形对象的轮廓线，如图5-36所示。

图5-36　矩形色彩填充

（6）选择该矩形对象，右键单击选择【转换为曲线】或运用快捷键【Ctrl+Q】将其转换为曲线，如图 5-37 所示。

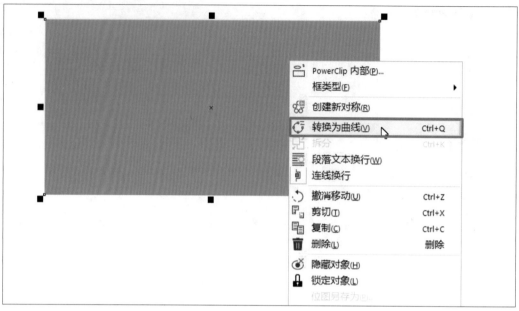

图 5-37　转换为曲线

（7）矩形对象转换为曲线后，运用形状工具，将矩形的边转换为曲线，将矩形顶边调整为合适的曲线，选择形状工具绘制起伏的山峦，如图 5-38 所示。

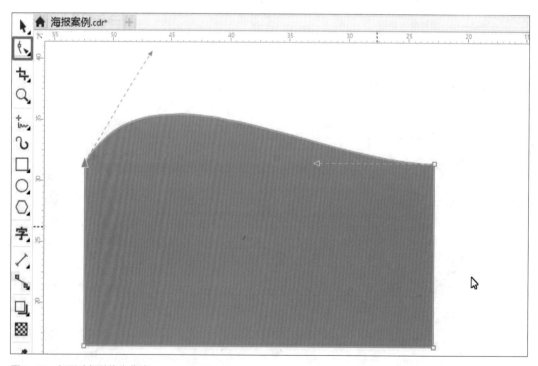

图 5-38　矩形边框转换为曲线

（8）在曲线边上需要添加节点的位置处单击鼠标添加节点，或双击鼠标左键添加节点，利用新的节点和原有的节点，丰富曲线；运用选择工具，将该图形对象放到海报背景下端的合适位置，如图 5-39 所示。

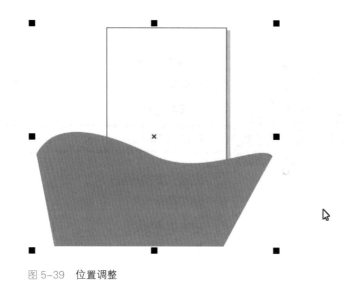

图 5-39　位置调整

（9）运用选择工具框选海报背景和其他对象，并配合快捷键【Ctrl+G】组合对象，运用裁剪工具，对应海报背景的节点裁剪掉多余部分，如图 5-40 所示。

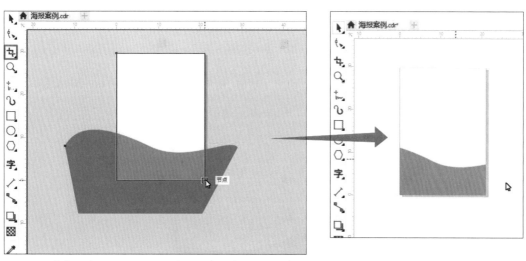

图 5-40　裁剪图形

（10）运用矩形工具再绘制一个矩形，宽度大于海报宽度最佳，以便后续调整，填充该矩形为天蓝色（C:100 M:100 Y:0 K:0），并在调色板的无色色块处单击鼠标右键取消矩形对象的轮廓线；选择该矩形对象，右键单击选择【转换为曲线】或运用快捷键【Ctrl+Q】将其转换为曲线，如图 5-41 所示。

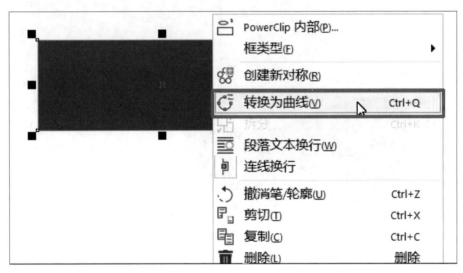

图 5-41　转换为曲线

（11）将矩形对象转换为曲线后，运用形状工具，将矩形的边转化为曲线；利用形状工具绘制起伏，将该图形对象的另一条边也转换为曲线，并调整起伏形状，如图 5-42 所示。

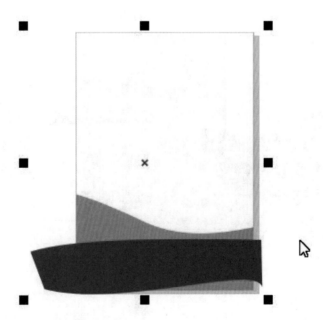

图 5-42　调整起伏形状

（12）运用选择工具调整该图形对象的大小和位置，选择工具框选海报背景和其他对象，并配合快捷键【Ctrl+G】组合对象；运用裁剪工具，对应海报背景的节点裁剪掉多余部分，如图 5-43 所示。

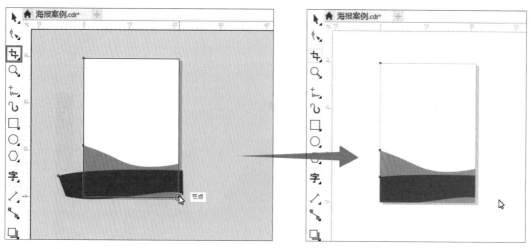

图 5-43　裁剪图形

（13）运用手绘工具的贝塞尔曲线绘制远处的山峦，并填充颜色为（C:20 M:0 Y:0 K:20），如图 5-44 所示。

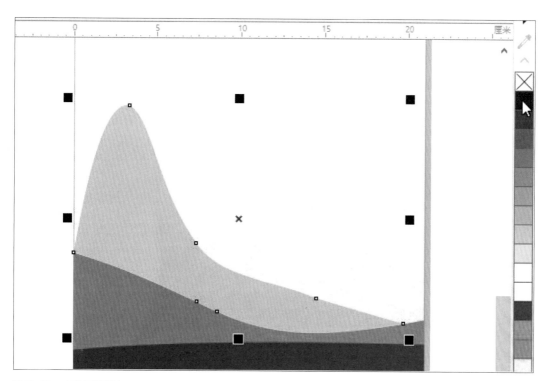

图 5-44　山峦色彩填充

（14）依照步骤（12）和（13）再绘制一个山峦图案，制造丰富的起伏，将该图形对象填充颜色为（C:20 M:0 Y:0 K:40），并配合鼠标右键单击调色板上的无色色块取消图形对象的轮廓线，如图 5-45 所示。

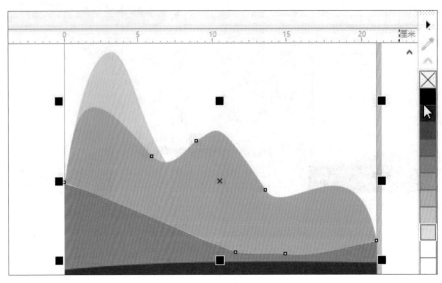

图 5-45　山峦起伏色彩填充

（15）在工具栏处选择透明度工具，降低透明度数值，如图 5-46 所示。

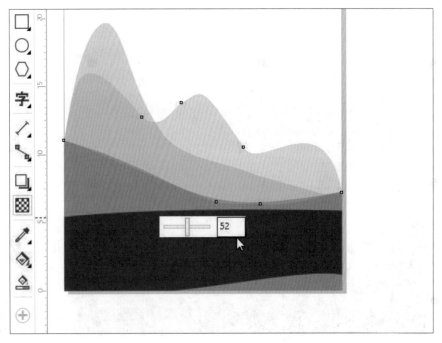

图 5-46　调整近处山峦透明度

（16）运用手绘工具的贝塞尔曲线，继续绘制山峦，在工具栏处选择透明度工具，降低透明度数值，如图 5-47 所示。

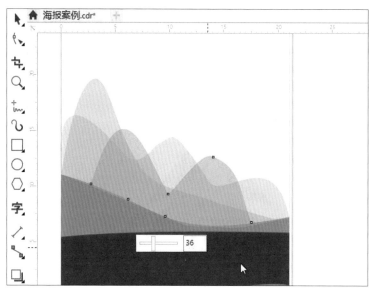

图 5-47　调整远处山峦透明度

（17）运用手绘工具的贝塞尔曲线制作树冠，将该图形对象填充为蓝色（C:80 M:62 Y:5 K:0），单击白色的渐变色块，将填充色改为绿色（C:69 M:0 Y:67 K:0），如图 5-48 所示。

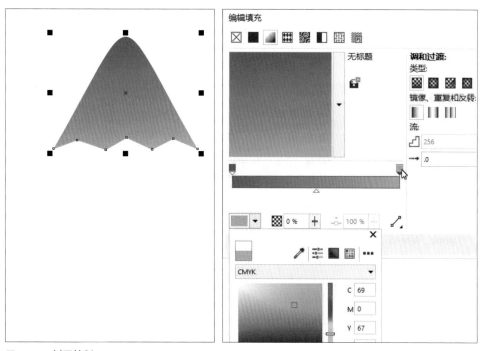

图 5-48　树冠绘制

（18）重复步骤（17），复制多个树冠，将调整好大小的多个树冠叠加在一起，并运用选择工具框选所有叠加好的树冠，配合快捷键【Ctrl+G】组合树冠对象，如图 5-49 所示。

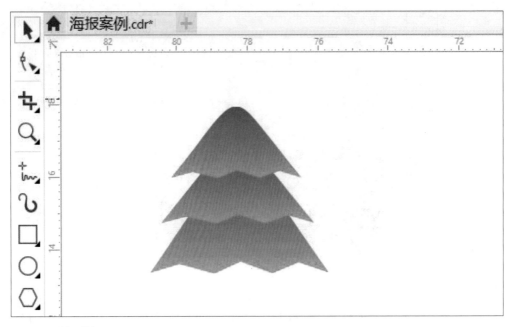

图 5-49　树冠叠加

（19）选择步骤（18）组合的图形对象，在界面右下角找到填色标识，双击进入"编辑填充"面板，在编辑页面上选择渐变填充，并调整渐变方向，单击白色的渐变色块，将填充色改为绿色（C:38 M:0 Y:20 K:0），运用同样的方式制作树干，如图 5-50 所示。

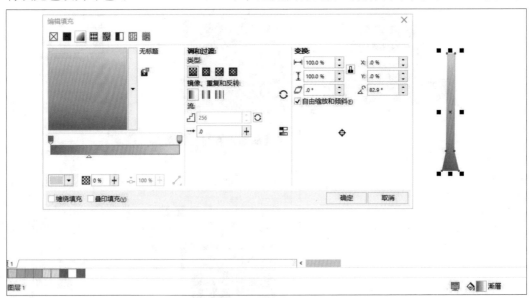

图 5-50　制作树干

（20）将绘制好的图形对象叠放在一起，选择下方的图形对象，配合快捷键【Shift+ PgUp】,更改图层顺序,使图形对象顺序向前,并框选全部图形对象,配合【Ctrl+G】组合图形对象，如图 5-51 所示。

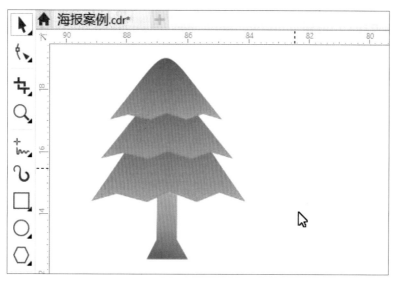

图 5-51　组合树冠和树干

（21）复制多个步骤（20）制作的图形对象并调整大小和旋转角度，放置到海报中，框选全部，配合快捷键【Ctrl+G】组合对象，如图 5-52 所示。

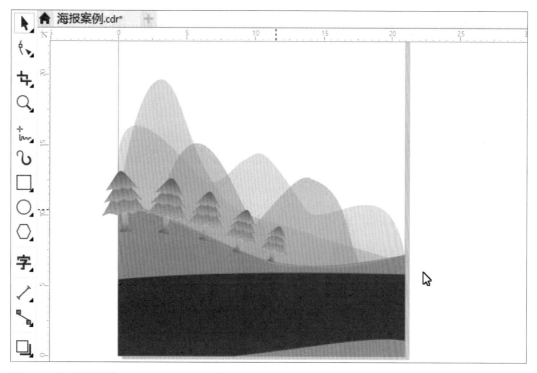

图 5-52　复制并调整位置

（22）运用裁剪工具，贴合海报节点裁剪掉多余的部分，如图 5-53 所示。

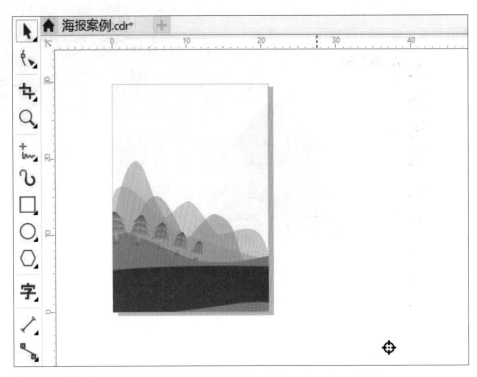

图 5-53　裁剪图形

（23）接下来运用贝塞尔工具制作雨滴。打开"编辑填充"面板，将图形对象填充为蓝色（C:100 M:100 Y:0 K:0）绿色（C:60 M:0 Y:30 K:0）渐变，如图 5-54 所示。

（24）复制多个上步的图形对象，并填充不同的颜色，如图 5-55 所示。

图 5-54　制作雨滴

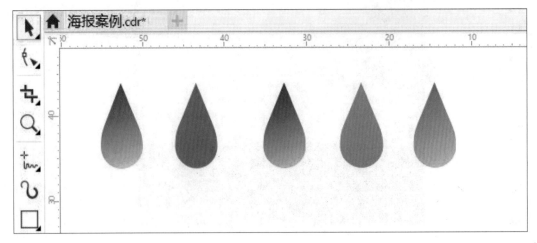

图 5-55　复制雨滴

（25）运用选择工具调整绘制的雨滴图形对象大小，并将雨滴图形对象分别放置到海报的合适位置，如图5-56所示。

图 5-56　调整雨滴位置和大小

（26）接下来运用手绘工具结合矩形工具，绘制一些云烟装饰图案，如图5-57所示。

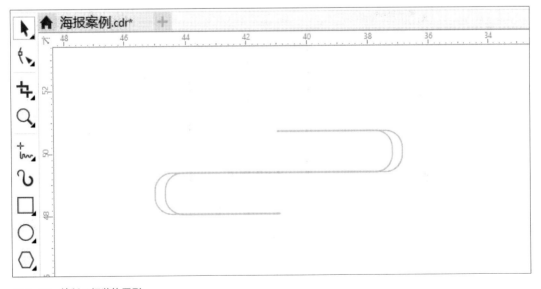

图 5-57　绘制云烟装饰图形

（27）复制多个云烟装饰图形对象，运用选择工具，摆放到海报的合适位置，如图 5-58 所示。

（28）运用文本工具添加文字，并摆放到海报的合适位置，如图 5-59 所示。

图 5-58　复制云烟图形并调整位置

图 5-59　输入"雨水"文本

（29）运用矩形工具，拉取合适的矩形将文字框选在内，将矩形线框更改为红色（C:0 M:100 Y:100 K:0），改变线框宽度，如图 5-60 所示。

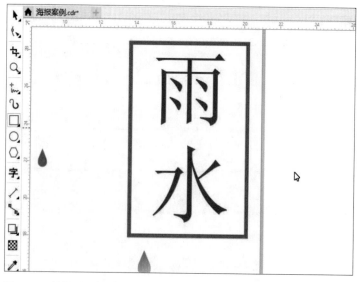

图 5-60　制作"雨水"文本线框

（30）运用手绘工具制作虚线，并更改尺寸和颜色（C:0 M:100 Y:100 K:0），调整前后层，如图 5-61 所示。

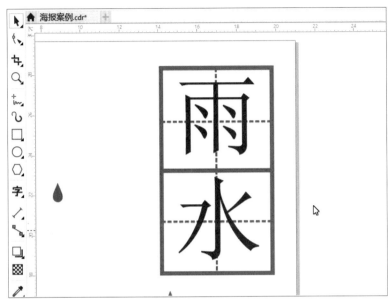

图 5-61　制作线框虚线

（31）运用文本工具，添加诗句，在属性工具栏处将文字改成竖行排列，调整文字大小及摆放位置，制作完成，效果如图 5-62所示。

1.4　项目练习

以端午节为主题设计一款平面广告，环境为地铁站内，尺寸为宽 600 mm，高300 mm。

图 5-62　雨水节气海报

实 训 二

VI 设计

2.1 课程概况

2.1.1 内容概要

VI（Visual Identity）译为视觉识别，是 CI 系统中最具传播力和感染力的一个组成部分，是对企业的一切可视事物进行统一标准化的视觉识别展现。通过 VI 可将企业形象传达给社会公众，将企业理念、企业文化、服务内容、企业规范等抽象概念转换为具体记忆和可识别的视觉符号，通过这种视觉感知形式使受众能够在轻松接受信息的基础上深刻地记住企业，进而对企业产生定向联想，形成独特的印象。VI 设计追求创造连续的、累积贮存信息的耐久性视觉效果。

VI 可分为视觉识别基础系统和应用系统，视觉识别基础系统是核心，如企业名称、企业标志、企业造型、标准字、标准色、象征图案、宣传口号等；应用系统是实际传达手段和规范，如产品造型、办公用品、企业环境、交通工具、服装服饰、广告媒体、招牌、包装系统、公务礼品、陈列展示及印刷出版物等。

（1）VI 设计特征

① 识别性：借助独具个性的标志，区别本企业及其产品的识别力，设计的 VI 视觉符号必须具有独特的个性和强烈的冲击力，具有企业视觉认知、识别的信息传达功能的设计要素，这样才能在众多企业中脱颖而出。

② 领导性：VI 标志是企业视觉传达要素的核心，是企业经营理念和经营活动的集中表现，贯穿和应用于企业的所有相关活动中，不仅具有权威性，而且还体现在视觉要素的一体化和多样性上，其他视觉要素都以标志为中心展开，做到丰富且不失统一。

③ 同一性：VI 标志代表企业的经营理念、文化特色、规模、经营内容和特点，是企业精神的具体象征，可以说社会大众对于 VI 标志的认同等于对企业的认同。只有企业的经营内容和实态与外部象征的企业标志相一致时，才有可能获得社会大众的认同。作为设计者，要深入了解企业内核、发掘企业特点后，再着手进行 VI 设计。

④ 造型性：VI 设计涉及的题材和形式丰富多彩，如中外文字体、图案、抽象符号、几何图形等，因此 VI 造型显得格外活泼生动。VI 图形的优劣，不仅决定了 VI 标志传达企业情况的效力，而且会影响消费者对商品品质的信心与企业形象的认同。

⑤ 延展性：VI 是应用最广泛、出现频率最高的视觉传达要素，在各种传播媒体上广泛应用。VI 设计过程中要根据印刷方式、制作工艺技术、材料质地和应用项目的不同，采用多种对应性和延展性的变体设计，以产生切合、适宜的效果与表现，适应不同的衍生方向。

⑥ 系统性：VI 一旦确定，随之就应展开标志的精致化拓展，其中包括标志与其他基本设计要素的组合规定，目的是对未来标志的应用进行规划，达到系统化、规范化、标准化的科学管理。可以用强有力的 VI 来统一各关联企业，采用统一标志不同色彩、同一外形不同图案或同一标志不同图案的方式，来强化关联企业精神。

⑦ 时代性：现代企业面对迅速发展的社会，意识形态不断变化，市场竞争形势日益严峻，VI 设计必须具有鲜明的时代特征。VI 形象的更新通常以十年为一周期，它代表着企业求新求变、勇于创造、追求卓越的精神，避免企业日益僵化、陈腐过时的形象。

（2）VI 设计原则

VI 系统的设计必须符合企业形象，必须有效传达符合企业形象的设计理念。VI 设计是具有极强目的性的设计，作为设计者必须以准确的定位和极强的设计图来满足客户的需求。VI 设计牵扯到很多商业问题，所以必须以合作方式来完成。

① 统一化形象原则：企业形象识别中的各项内容在设计元素和设计风格上都必须保持一致，采用简洁、统一、系列的手法整合企业形象，进行标准化、统一化的规范设计，以达到对外传播的一致性。

② 展现个性化形象原则：企业形象必须是个性化的、与众不同的。要想更好地体现个性化，首先要体现行业特征，表现不同行业的特点；其次定位特征要突出，产品由于针对不同目标客户群，设计者必须设计出满足不同客户要求的形象，从而更好地吸引目标客户。

③ 增强视觉冲击原则：无论企业的管理制度、经营策略，还是企业的名称、品牌、标识广告等，都应有自己鲜明的特色，体现独特的企业文化和经营理念，以利于在众多商品中能被大众快速识别并留下深刻印象。识别性是 VI 的基本功能，借助个性化的标志和具有超强视觉冲击力的视觉形象，通过整体的规划，完成企业的形象塑造。

④ 符合审美规律原则：VI 设计是为了实际商业使用，是为了企业以统一的形象推广产品和产品理念，所以 VI 设计必须符合美学规律，很多成功的 VI 设计恰恰都是符合美学规律的。虽然反过来符合美学规律的 VI 形象不一定都是好的设计，但是设计师只有在商业和美之间架起一座可行的桥梁，才会设计出符合商业需求的 VI 作品来。

⑤ 有效性实施原则：VI 是解决问题的，不是企业的装饰物，设计能够操作和便于操作是设计者必须要重视的。任何不可能实现的设计，再好也不能采用。有效实施可以从两方面解读，一是技术上的有效性，设计师设计出来的东西是可制作的，可大规模复制并运用在不同场合的；二是经济的有效性，设计出的作品在应用时应在企业经济可承担范围内做到对企业宣传的最大化。

2.1.2　训练目的

通过 VI 设计的实例学习，使读者可以熟练地运用 CorelDRAW，并了解 VI 设计的理念方法和创作思路。

2.1.3　重点和难点

本案例设计的重点和难点在于 VI 设计的创作思路与软件工具、命令的结合。

2.2　设计案例一（阳光城标志设计）

2.2.1　思路解析

本案例是为一个楼盘设计标志，楼盘主题为阳光城，以太阳为标志设计，在设计中使用了艺术笔刷、文本工具、立体化工具等命令，并对所使用的工具进行详细讲解。

2.2.2 步骤详解

（1）单击【文件】→【新建】命令或使用快捷键【Ctrl+N】创建新文档，根据标志的大小，设置大小为 A6，宽 105 mm，高 148 mm，将文档命名为"阳光城标志设计"，如图 5-63 所示。

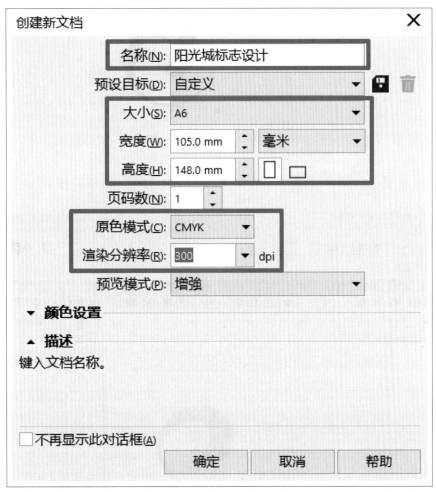

图 5-63 创建文档

（2）点击艺术画笔工具，在属性栏将画笔形式设置为笔刷，类型设置为艺术，笔刷样式设置如图 5-64 所示，笔刷粗细设置为 12。

（3）使用形状工具将曲线调整到如图 5-65 所示的形状，主体颜色为橘色，橘色鲜艳惹人注意，和"阳光城"相匹配，能吸引过往行人的注意力，将颜色设置为（C:0 M:60 Y:100 K:0）。

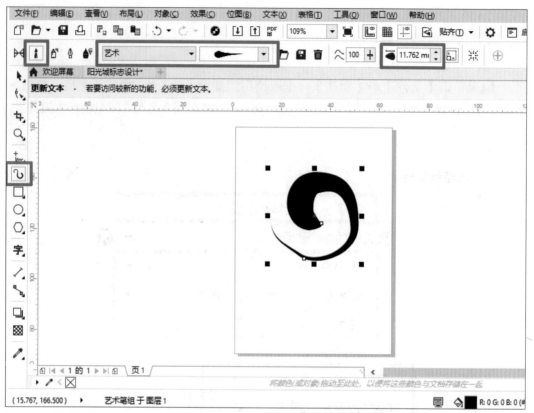

图 5-64 制作图形

图 5-65 设置色彩

（4）使用矩形工具绘制矩形，使用选择工具将矩形移动到适当的位置，并填充为红色（C:0 M:100 Y:100 K:0），如图 5-66 所示。

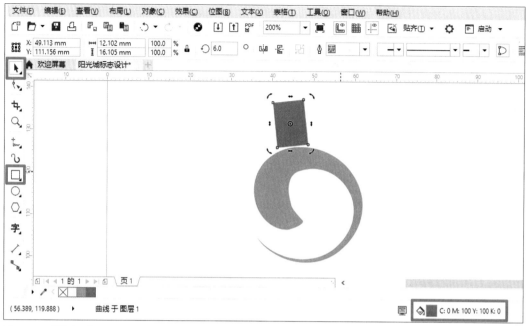

图 5-66　制作矩形

（5）在矩形上点击鼠标右键，在弹出菜单中选择【转换为曲线】，如图 5-67 所示。

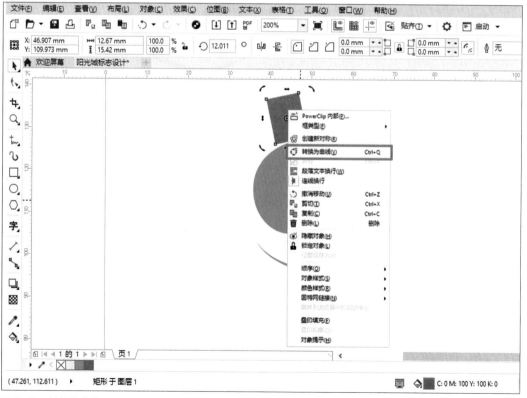

图 5-67　转换为曲线

149

（6）使用形状工具配合属性栏中的【转换为曲线】命令，将矩形绘制成如图 5-68 所示的形状。

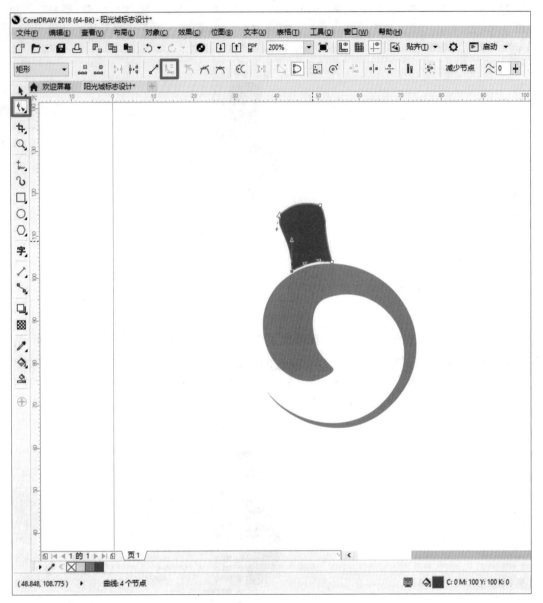

图 5-68　调整矩形

（7）使用同样的方法绘制矩形，并将矩形绘制成如图 5-69 所示的形状。

（8）选择文本工具输入英文字体"SUN CITY"，在属性栏中将字体样式设置为 Comic Sans MS（活泼些的等线体即可），将字体大小设置为 24 pt，如图 5-70 所示。

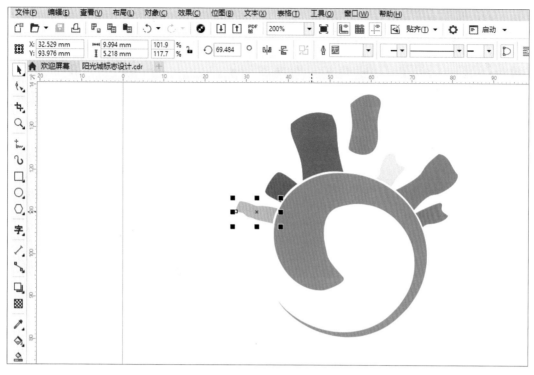

图 5-69　绘制图形

图 5-70　输入文字并调整字体

（9）使用选择工具选中字母"S"，在文档调色板中选择和图形标志最左端一样的颜色，将其填充，如图 5-71 所示。

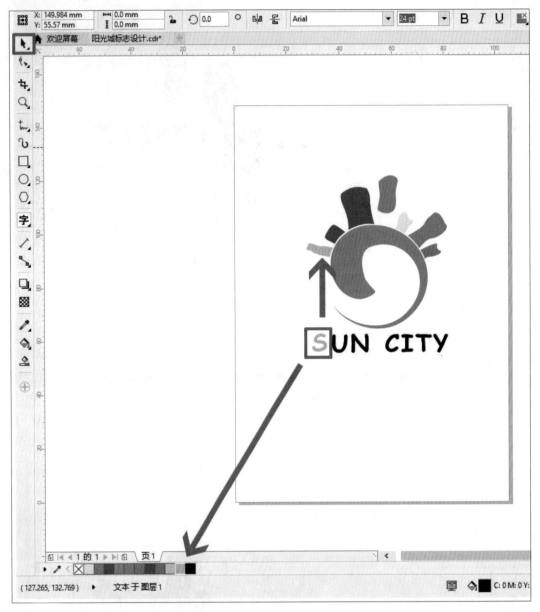

图 5-71 调整字母 S

（10）使用同样的方法为其他字母填充颜色，如图 5-72 所示。

（11）选择英文字体，点击右下角的钢笔图标，在弹出的轮廓笔窗口中将颜色设置为黑色，宽度设置为 0.2 mm，如图 5-73 所示。

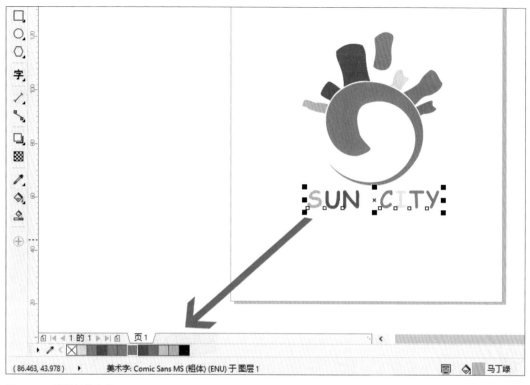

图 5-72　调整其他字母

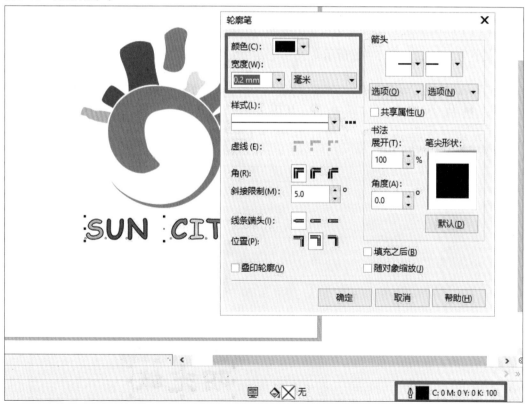

图 5-73　添加字母轮廓线

（12）在工具栏中选择立体化工具，拖动立体化工具将字体绘制为立体效果，如图 5-74 所示。

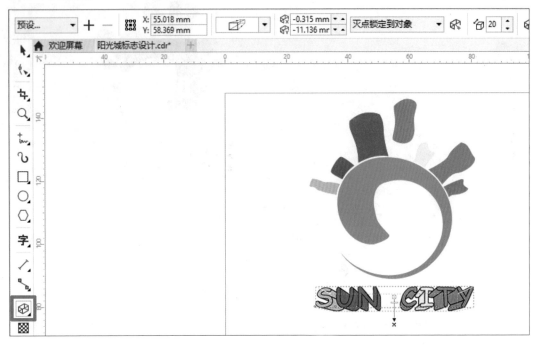

图 5-74　文本立体化

（13）使用字体工具输入文本"阳光城"，并在属性栏中将字体设置为华文隶书，字体大小为 36 pt，如图 5-75 所示。

图 5-75　设置中文字体

（14）将"阳光城"字体设置为橘黄色，轮廓色设置为黑色，轮廓线的宽度设置为 0.25 mm，如图 5-76 所示。

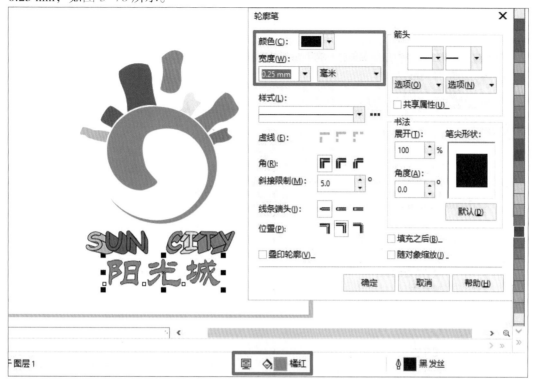

图 5-76 设置字体颜色和轮廓

（15）使用星形工具，在属性栏中将角数设置为 10，锐度设置为 60，绘制一个 10 角星形，使用选择工具和缩放工具，将十角星形置于阳字的左上角，如图 5-77 所示。

图 5-77 制作十角星形

（16）选择绘制的星形，在菜单栏中选择【对象】→【PowerClip】→【置于图文框内部】命令，当鼠标变成箭头样式时，点击阳光城文字，即可将星形置于文字内部，如图 5-78 所示。

图 5-78 星形置于文字内部

（17）最终设计完成，效果如图 5-79 所示。

图 5-79　阳光城标志

2.3　设计案例二（及时家居标志设计）

2.3.1　思路解析

本案例基于及时家居绿色环保的要求，以绿色树叶为基础形，两条相交的道路为副形进行设计，体现了绿色、环保、及时的理念。制作过程中使用了贝塞尔工具、阴影工具、使文本适合路径等命令，并对所使用的工具进行了详细的讲解。

2.3.2　步骤详解

（1）单击【文件】→【新建】命令，或使用快捷键【Ctrl+N】创建新文档，根据标志的要求，设置大小为 A6，宽 105 mm，高 148 mm，命名为"及时家居"，如图 5-80 所示。

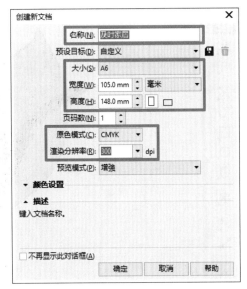

图 5-80　创建文档

（2）使用贝塞尔工具绘制一个树叶的基本形状，并将颜色调整为绿色，如图 5-81 所示。

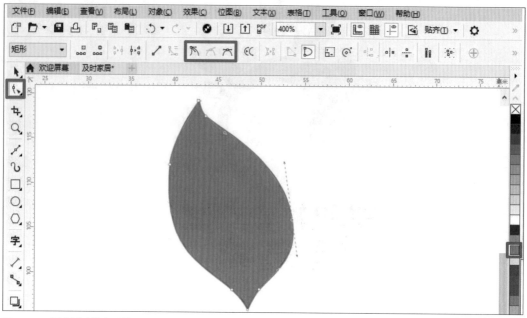

图 5-81　创建树叶基本形状

（3）使用贝塞尔工具在叶子上绘制一个不规则 Y 形，使用形状工具将其调整成平滑的形状，并使其下方挡住树叶最底部的尖角，如图 5-82 所示。

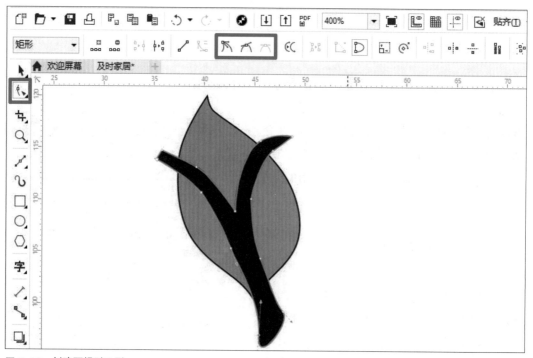

图 5-82　创建不规则 Y 形

（4）使用选择工具同时框选这两个图形，再点击工具属性栏中的【移除前面对象】命令，使 Y 形状在树叶上掏空；在树叶上右键单击，从弹出菜单中选择【拆分曲线】命令将树叶分成三个形状，如图 5-83 所示。

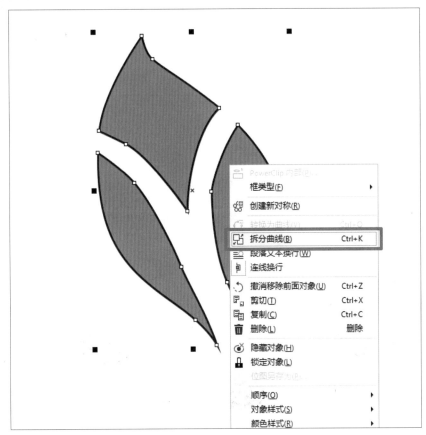

图 5-83　拆分曲线

（5）点击树叶上部的区域，将填充色设置为（C:45 M:0 Y:92 K:0），使其变为淡绿色，如图 5-84 所示。

图 5-84　设置色彩

（6）使用椭圆工具和选择工具在上面的淡绿色图形上绘制一个圆形，再点击工具属性栏中的【移除前面对象】命令，使圆形形状在淡绿色树叶上掏空，如图5-85所示。

（7）选择树叶左下角的图形，点击填充色选项将填充方式设置为渐变填充，将渐变色的起始颜色设置为（C:74 M:4 Y:80 K:0），最终颜色设置为（C:0 M:0 Y:0 K:0），旋转属性设置为 -90，如图5-86 所示。

图 5-85　掏空圆形形状

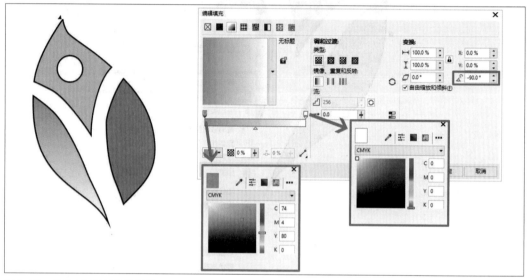

图 5-86　设置左下角树叶的色彩

（8）选择树叶右下角的图形，在默认调色板里在不填充颜色上点击鼠标右键去除轮廓色，以同样的方法将所有的轮廓线删除，如图 5-87 所示。

（9）选择树叶右下角的图形，点击填充色选项，将填充方式设置为渐变填充，将渐变色的起始颜色设置为（C:100 M:0 Y:100 K:0），最终颜色设置为 （C:35 M:0 Y:28 K:0），旋转属性设置为 -90，如图 5-88 所示。

（10）选择树叶的上部，使用阴影工具绘制阴影，如图 5-89 所示。

（11）使用相同的方法制作其他部分的阴影，如图 5-90 所示。

图 5-87　去除轮廓色

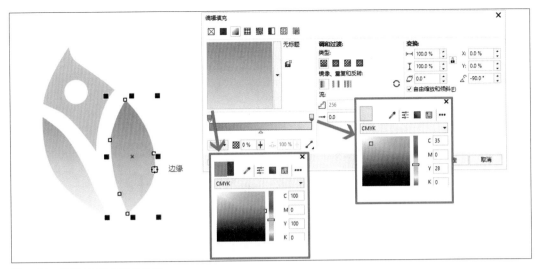

图 5-88　设置右下角树叶的色彩

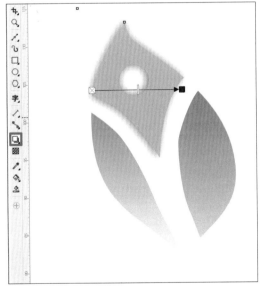

图 5-89　绘制上半部阴影

图 5-90　绘制其他部分阴影

（12）使用文本工具制作"及时家居"的文字，字体为幼圆，字号为 18 pt，排版方式为竖排，颜色为绿色；使用贝塞尔工具、选择工具和形状工具，按照树叶右边的曲线绘制一条线段，如图 5-91 所示。

（13）使用选择工具选择文字，在菜单栏中点击【文本】→【使文本适合路径】命令，在曲线合适的位置点击鼠标左键，使文字延路径排列；使用选择工具在曲线上点击两次，按快捷键【Delete】键删除曲线，如图 5-92 所示。

图 5-91　绘制路径

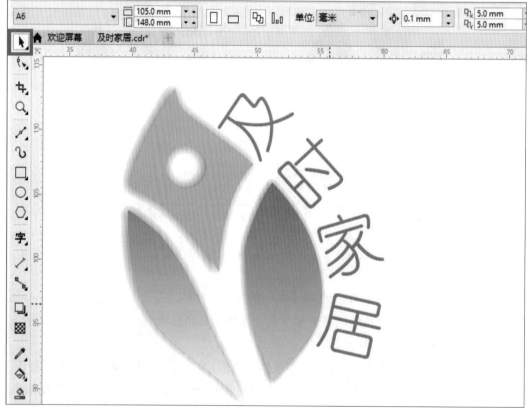

图 5-92　输入路径文本并删除曲线

（14）选择文字，使用阴影工具绘制阴影，最终效果如图 5-93 所示。

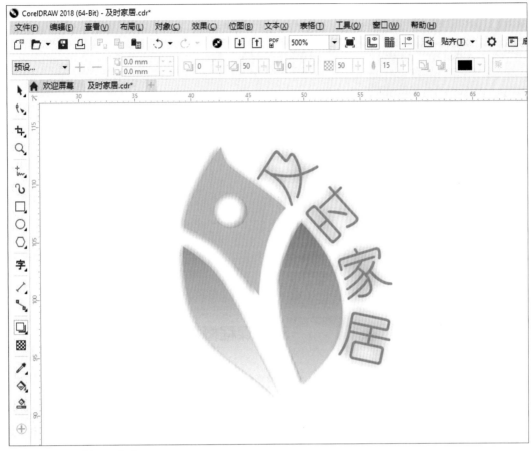

图 5-93　"及时家居"标志

2.4　项目练习

设计以咖啡为主题的餐厅标志，体现出咖啡厅是都市休闲好地方的特点。

实 训 三

插画设计

3.1 课程概况

3.1.1 内容概要

插画作为现代设计的一种重要的视觉传达形式，因其直观的形象、真实的生活感和深度的感染力，在现代设计中占有特定的地位，已广泛应用于现代设计的多个领域，涉及文化活动、社会公共事业、商业活动、影视文化等多方面。

随着时代的发展及读图时代的到来，现代插画的含义已从过去狭义的概念变为广义的概念。广义的"插画"即文字以外的作图部分，包括摄影图片、绘画插图、图表，以及抽象的图形符号等。仅以出版物为例，从消费需求及市场反应就可以观察到，插画的重要性早已远远超过这个"照亮文字"的陪衬地位。它不但能突出主题思想，而且以其丰富的视觉形式极大地增强了主体的艺术感染力。

（1）插画的表现形式

① 手绘形式：手绘形式是插画表现最传统的形式，除了使用传统绘画工具外，还可以使用古朴的

艺术形式进行表达，如木刻版画、铜版画、剪纸，以及街头的涂鸦艺术等。这些手绘技法是大众和设计者都较为热衷的形式，因手绘形式多样，其表现更为自由，设计者的创意可以得到更为完美的展现，但手绘形式对设计者的手绘能力和艺术修养要求非常高，设计师需要具备很强的绘画功底及对创意的精准表现力。只有具备这两种能力，才能很好地展示插画的美感和创意。

②摄影形式：摄影形式的插画更多是在已经完成的摄影作品上进行插画设计，摄影可以更加具体、直观地传递信息。随着手机摄影时代的来临，单一地呈现摄影作品不再具有优势，人们对摄影类的插画形式的要求也越来越高，需要借助数码后期处理或借助摄影作品所传达的信息进行再次创作，进行更好的思维扩展或创意说明。通过摄影数码合成的插画将人们的幻想、意境及感觉融合在超现实的画面中，这也是插画中最为精彩的创作手法，因为这种表现形式给受众的感觉更为直接、更具视觉冲击力，这种表现形式更多地运用于商业海报中。

③新媒体形式：新媒体形式的插画运用于手机、电视或电脑中，它建立在传统手绘插画和摄影插画的基础上，又脱离传统手绘插画的表现形式，它不再是单一的二维平面效果，可以是一种动态的存在。人们可以运用三维技术及影像后期编辑软件，使其表现形式更加活跃，表现力更强，这也是未来插画发展的趋势。

（2）插画的特征

①实用性与制约性：插画是服务于大众的实用美术，特别是在信息高速发展的今天，人们的日常生活中充满了各式各样的商业信息。插画设计已成为现实社会中不可替代的艺术形式，其实用功能的重要性远超意念、想法、激情和风格等。插画能将信息最简洁、明确、清晰地传递给观众，引起他们的兴趣，努力使他们相信传递的内容，并在审美的过程中欣然接受宣传的内容，诱导他们采取最终的行动。

②直观性与大众化：插画以一种直观的方式把平实的文字用图画的形式展现在受众面前。一般来说，图形的识别功能远大于文字，图形信息是简洁的语言，也是最易识别和记忆的信息载体。图形是生动形象的，并且非常具有说服力，因此插画具有极强的直观性。

③艺术性与趣味性：人们对美有着与生俱来的渴求，一件好的设计作品最主要的两个功能是实用性和艺术性。一幅完整的插画作品，除了能说文解字外还要能带给观众美的视觉享受，从而产生意识上的共鸣，进而达到精神上的共鸣，以加强插画艺术的感染力，而趣味性作为艺术性和实用性的补充，可以使枯燥的文字更加生动。人们从生理的角度也需要趣味性，例如幽默的漫画类读物会使人们在繁忙的工作生活中感受到生活的趣味。

④创新性与多元化：创新能给人们带来新鲜的喜悦，得到人们更多的关注。社会对插画创作者有创新的要求，而且创新的周期会很短，以应对市场的竞争。如果一个插画家在两三年的时间内都画同样的作品，在风格上也没有创新，那么他将很难继续受到

大众的喜爱。插画创新的内容包括题材的创新，造型的创新，技法的创新，编排的创新，装帧、印刷的创新。

3.1.2　训练目的

熟练运用 CorelDRAW 的各项功能，结合自己的创意思维，实现绘画创作。

3.1.3　重点和难点

本案例的重点和难点在于不同绘画内容的构思与软件工具的有效结合。

3.2　设计案例一（热气球插画设计）

3.2.1　思路解析

对绘画主体热气球进行分析，注意前后、远近之间的透视关系，同时设计热气球的场景，结合软件工具，对其进行绘制。

3.2.2　步骤详解

（1）单击【文件】→【新建】命令，或使用快捷键【Ctrl+N】创建新文档，命名为"插画－热气球"，根据实际所需尺寸，设置大小为 A4，宽 297 mm，高 210 mm，原色模式为 CMYK，渲染分辨率为 300 dpi，如图 5-94 所示。

（2）点击矩形工具，创建一个 x 为 1 485 mm，y 为 105 mm，宽 297 mm，高 210 mm 的矩形，如图 5-95 所示。

（3）点击软件界面右下角的填充色图标，打开编辑填充版面，模型选择 CMYK，数值设置为（C:20 M:0 Y:7 K:0），如图 5-96 所示。

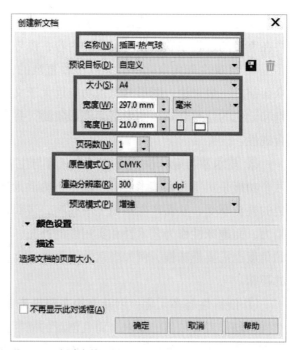

图 5-94　创建文档

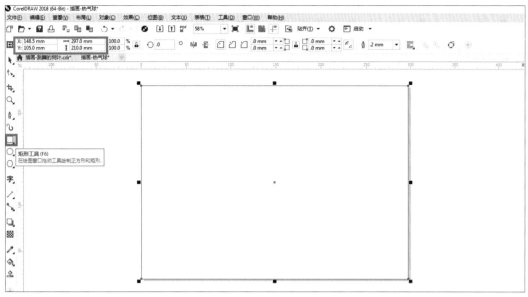

图 5-95　创建矩形

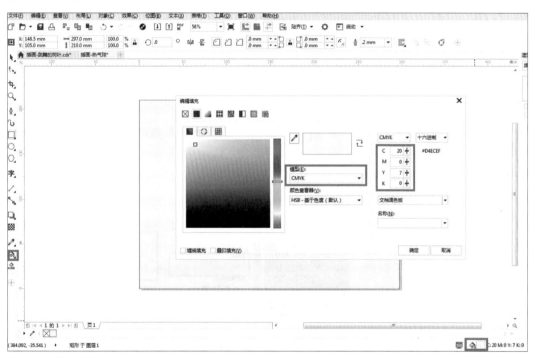

图 5-96　设置背景色彩

（4）运用钢笔工具，通过拖曳的方式绘制不规则图形，如图 5-97 所示。

（5）由右下角曲线图形依次填充颜色，点击软件界面右下角的填充色图标，打开编辑填充版面，模型选择 CMYK，右下角图形 CMYK 数值设置为（C:60 M:7 Y:48 K:0），左下角图形 CMYK 数值设置为（C:8 M:4 Y:20 K:0），中间图形 CMYK 数值设置为（C:51 M:0 Y:33 K:0），如图 5-98 所示。

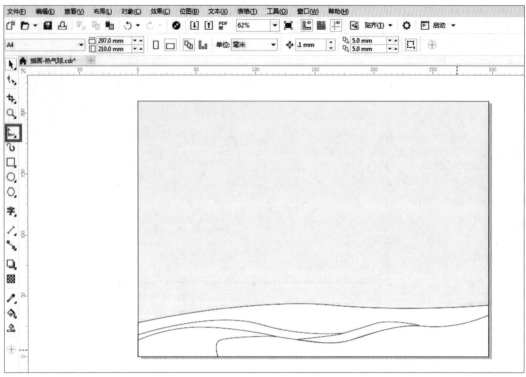

图 5-97　绘制地面

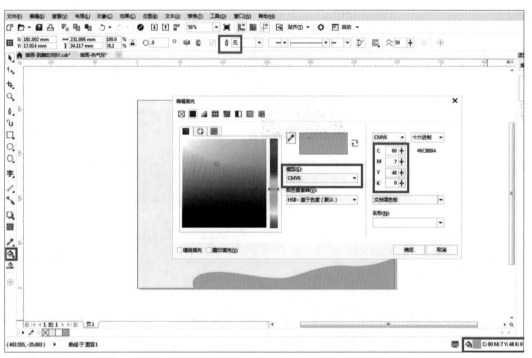

图 5-98　设置地面色彩（一）

（6）将上面图形 CMYK 数值设置为（C:65 M:24 Y:47 K:0），同时将四块不规则图形的钢笔宽度调整为无，如图 5-99 所示。

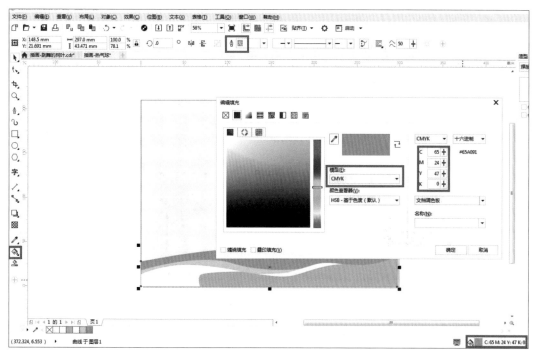

图 5-99　设置地面色彩（二）

（7）运用钢笔工具，绘制不规则图形组成的树干和树冠，绘制三角形组成的松树，如图 5-100 所示。

图 5-100　绘制树木

（8）点击软件界面右下角的填充色图标，打开编辑填充版面，模型选择 CMYK，树干 CMYK 数值设置为（C:69 M:84 Y:100 K:62），高树冠 CMYK 数值设置为（C:33 M:22 Y:96 K:0），依次为树干、树冠和松树填充颜色，如图 5-101 所示。

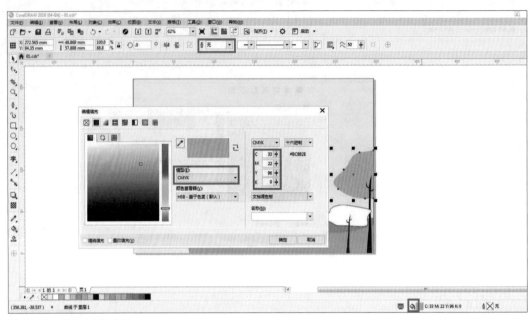

图 5-101　设置高树冠色彩

（9）低树冠 CMYK 数值设置为（C:40 M:0 Y:51 K:0），如图 5-102 所示。

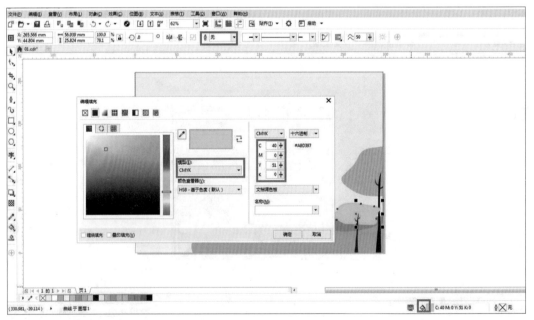

图 5-102　设置低树冠色彩

（10）松树 CMYK 颜色数值设置分别为（C:73 M:31 Y:100 K:0），如图 5-103 所示。

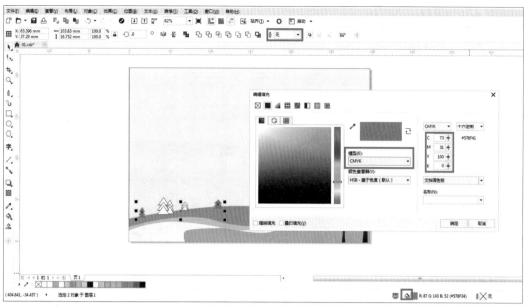

图 5-103　设置松树色彩

（11）树冠颜色数值设置分别为（C:39 M:9 Y:64 K:0），同时将树干、树冠和松树的钢笔宽度调整为无，如图 5-104 所示。

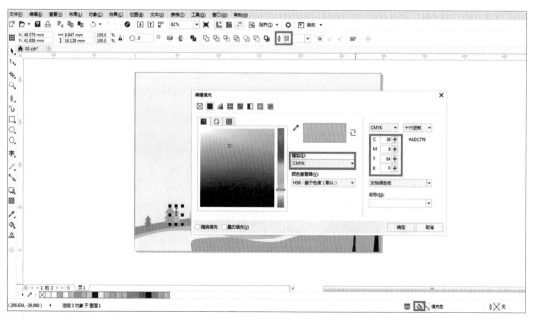

图 5-104　设置树冠色彩

（12）运用 3 点椭圆形工具，绘制 5 个不同大小的椭圆，依次填充颜色。点击软件界面右下角的填充色图标，打开编辑填充版面，模型选择 CMYK，由右向左椭圆的 CMYK 数值设置为（C:79 M:40 Y:13 K:0），（C:78 M:45, Y:25 K:0），（C:56 M:17 Y:9 K:0），调整椭圆图层的前后顺序，如图 5-105 所示。

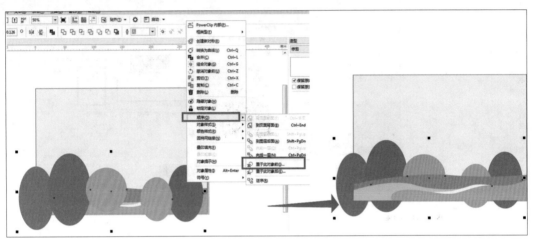

图 5-105　调整图形顺序

（13）选择形状工具，通过控制节点，调整椭圆形状，形成类似于山的形状，如图 5-106 所示。

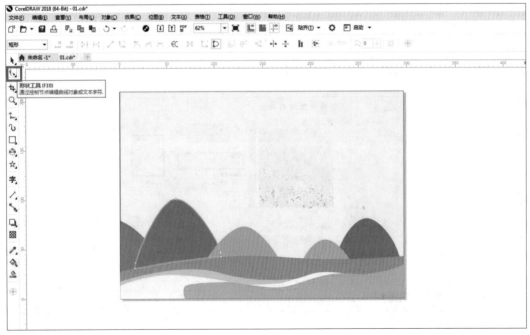

图 5-106　调整形状

（14）绘制热气球边线，标题栏中选择【窗口】→【泊坞窗】→【变换】，级联菜单中选择【缩放和镜像】，点击"水平镜像"按钮，勾选按比例，点击"右中"按钮，对左边线进行水平镜像复制，如图 5-107 所示。

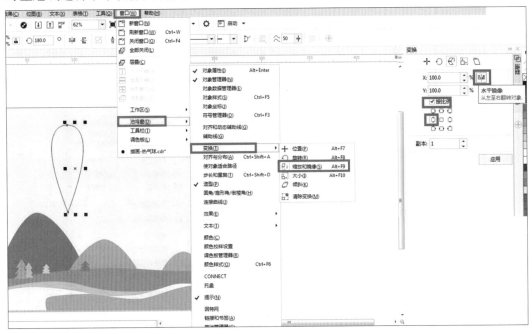

图 5-107　绘制热气球

（15）同步骤（5），依次填充热气球的颜色，点击软件界面右下角的填充色图标，打开编辑填充版面，模型选择 CMYK，CMYK 数值设置分别为（C:4 M:32 Y:78 K:0），（C:6 M:9 Y:18 K:0），同时将所有椭圆的钢笔宽度调整为无，如图 5-108 所示。

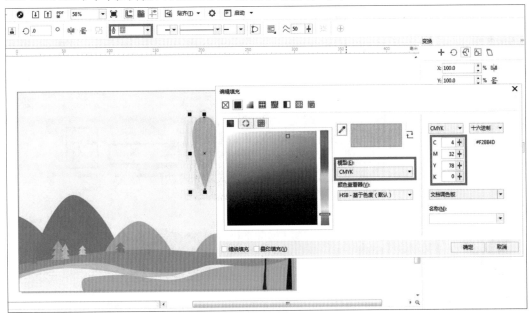

图 5-108　设置热气球色彩

（16）复制热气球上半部分的多个个体，调整前后关系和位置，全选热气球上半部分，右键选择【组合对象】，如图 5-109 所示。

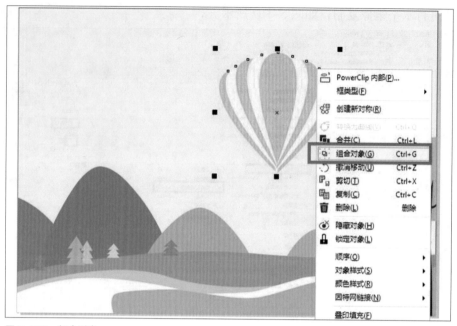

图 5-109　组合对象

（17）选择工具栏中的"三点椭圆形工具"制作椭圆形。点击软件界面右下角的填充色图标，打开编辑填充版面，模型选择 CMYK，椭圆形 CMYK 数值设置分别为（C:4 M:32 Y:78 K:0），同时将所有椭圆的钢笔宽度调整为无，如图 5-110 所示。

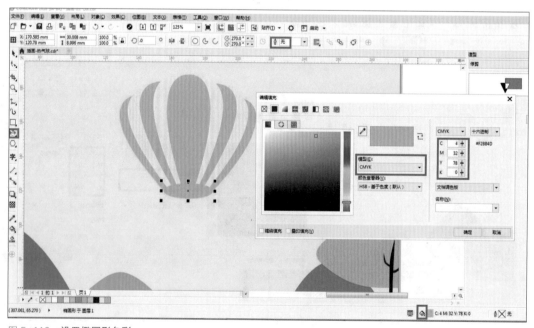

图 5-110　设置椭圆形色彩

（18）选择工具栏中的矩形工具，制作热气球的下半部分，运用工具栏中的形状工具，调整绳子的形状和位置，如图 5-111 所示。

图 5-111　热气球绘制完成

（19）全选热气球，右键选择【组合对象】，双击调整热气球的位置，复制多个热气球，并调整大小和颜色，以丰富最终画面，最终效果如图 5-112 所示。

图 5-112　热气球插画

3.3 设计案例二（水中鱼插画设计）

3.3.1 思路解析

本案例的设计主题为鱼，可以自由发挥，对鱼和海草进行分解，从而选择所需工具进行制作。本案例制作过程中使用了水平镜像、调和工具、变形命令、艺术画笔工具等命令。并对所使用的工具进行了详细的讲解。

3.3.2 步骤详解

（1）单击【文件】→【新建】命令，或使用快捷键【Ctrl+N】创建新文档，根据实际需要尺寸，设置宽 297 mm，高 210 mm，命名为"水中鱼"，如图 5–113 所示。

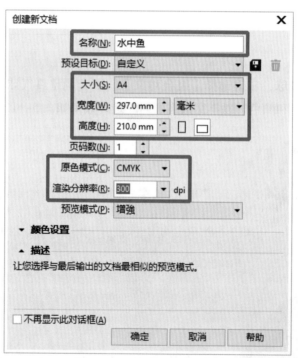

图 5–113 创建文档

（2）点击软件界面右下角的填充色图标，打开编辑填充版面，将填充方式设置为渐变填充，最左端锚点的颜色数值设置为（C:51 M:18 Y:0 K:0），最右端锚点的颜色数值设置为（C:90 M:75 Y:0 K:0），并在旋转属性栏中输入 –90，如图 5–114 所示。

（3）运用钢笔工具和 3 点椭圆形工具绘制海草，如图 5–115 所示。

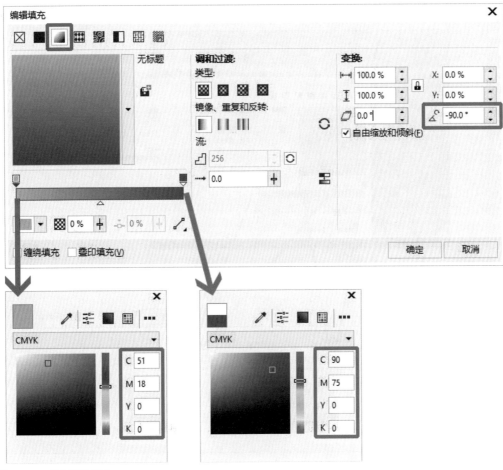

图 5-114　设置背景颜色

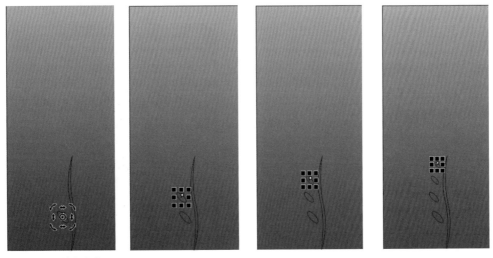

图 5-115　绘制海草

（4）选择海草主干的形状，将填充色设置为渐变色，设置四个渐变锚点，并将旋转设置为 90° ，如图 5-116 所示。

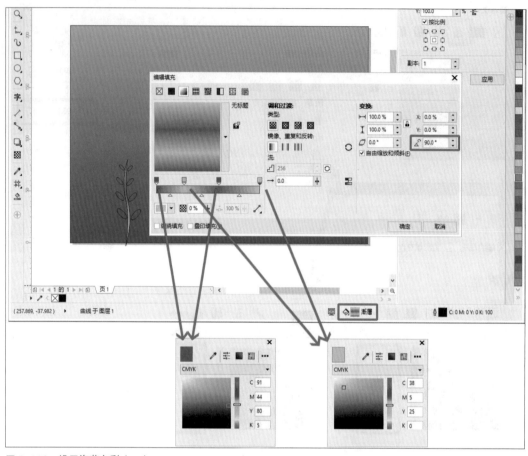

图 5-116　设置海草色彩（一）

（5）选择绘制的椭圆形，将轮廓色设置为无，将填充色设置为（C:91 M:44 Y:80 K:5），然后在原有椭圆形的上方再绘制一个较小的椭圆形，将轮廓色设置为无，将填充色设置为（C:91 M:44 Y:80 K:5），如图 5-117 所示。

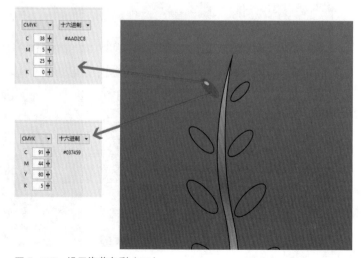

图 5-117　设置海草色彩（二）

（6）使用调和工具制作由浅色小椭圆形到深色大椭圆形的渐变，使用调和工具将剩余的海草树叶也绘制成渐变效果，并删除主干外侧的轮廓线，如图 5-118 所示。

图 5-118　设置渐变效果

（7）在菜单栏选择【对象】→【组合】→【组合对象】命令，将海草的主干与树叶组合，如图 5-119 所示。

图 5-119　组合对象

（8）使用手绘工具和形状工具，配合属性栏中的焊接命令，描绘鱼的形状，如图 5-120 所示。

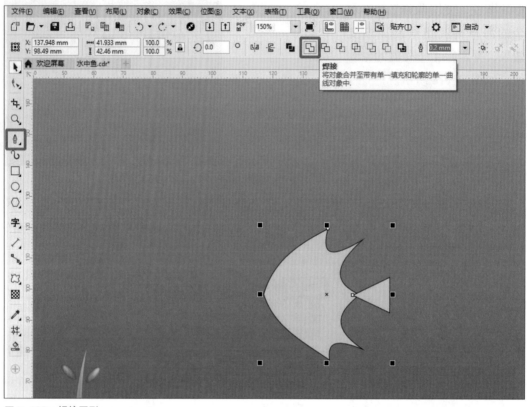

图 5-120　焊接图形

（9）选择焊接后的鱼形，按下快捷键【Ctrl+C】和【Ctrl+V】在原来的鱼形上再复制粘贴一个鱼形，并将填充色设置中的填充方式设置为渐变填充，将第一个锚点的渐变色设置为（C:32 M:41 Y:100 K:0），第二个锚点的渐变色设置为（C:2 M:1 Y:78 K:0），并将变换中的旋转属性设置为 -45，如图 5-121 所示。

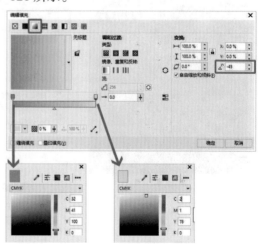

图 5-121　设置鱼形色彩

（10）在鱼形上绘制一个如图 5-122 所示的椭圆形，并随意填充一个颜色，使用选择工具同时选中椭圆和鱼形，在属性面板中点击移除前面对象命令。

图 5-122　绘制热带鱼局部

（11）选择整个鱼形删除轮廓线，并使用钢笔工具和形状工具绘制一个月牙形作为立体效果的厚度，如图 5-123 所示。

图 5-123　删除轮廓线

（12）将月牙形的填充色设置为渐变填充，将第一个锚点的渐变色设置为（C:32 M:41 Y:100 K:0），第二个锚点的渐变色设置为（C:2 M:1 Y:78 K:0），并将变换中的旋转属性设置为−45，如图 5-124 所示。

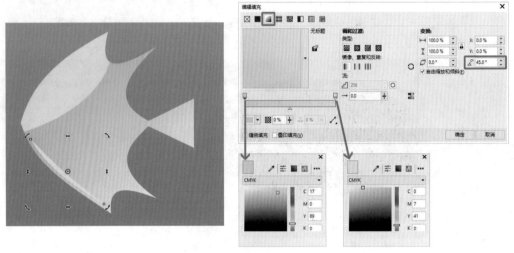

图 5-124　设置月牙形色彩

（13）使用同样的方法绘制鱼上面的厚度，选择椭圆形工具，按快捷键【Ctrl】绘制正圆，轮廓色设置为无，并设置填充色为渐变填充，调和和过渡色设置为椭圆形渐变和填充，将填充渐变最左边的锚点颜色设置为（C:24 M:18 Y:17 K:0），中间的锚点颜色设置为（C:4 M:3 Y:3 K:0），最右边的锚点颜色设置为（C:0 M:0 Y:0 K:0），如图 5-125 所示。

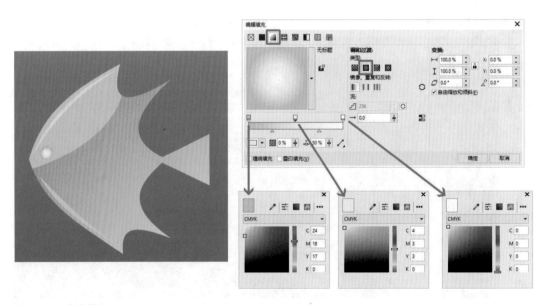

图 5-125　渐变效果

（14）使用椭圆工具，按快捷键【Ctrl】绘制正圆，轮廓色设置为无，设置填充色为黑色作为鱼的眼睛，并使用钢笔工具绘制鱼的嘴巴，如图 5-126 所示。

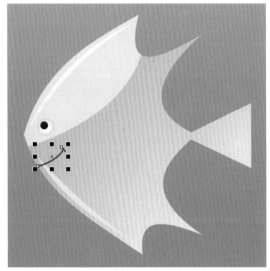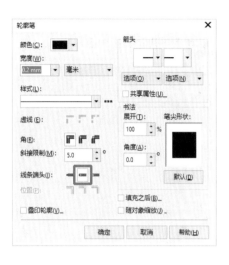

图 5-126　绘制鱼嘴巴

（15）以同样的方法制作更多不同颜色和造型的热带鱼，如图 5-127 所示。

图 5-127　绘制其他热带鱼

（16）绘制一条新的热带鱼，并使用贝塞尔工具在热带鱼上绘制热带鱼身上的花纹，将填充色设置为渐变填充，并填充适当的颜色，如图 5-128 所示。

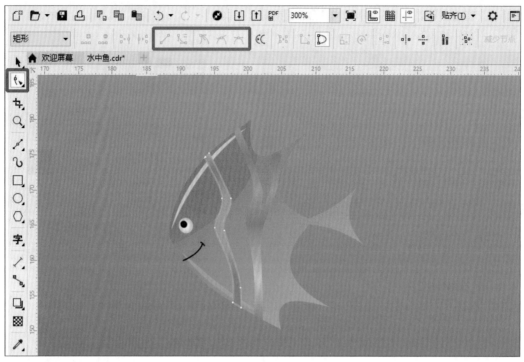

图 5-128　绘制热带鱼花纹

（17）使用同样的方法绘制多个带有花纹的热带鱼，如图 5-129 所示。

图 5-129　绘制其他花纹热带鱼

（18）使用选择工具，框选海草的主干和叶片，复制海草，并调整其大小和方向，使用艺术画笔工具，在属性栏中依次选择笔刷、符号，在符号选项中选择泡泡的形状，绘制鱼呼吸的泡泡，如图 5-130 所示。

图 5-130　复制海草并调整位置

（19）复制泡泡的笔刷，并调整大小，放置到合适的位置，得到最终效果，如图 5-131 所示。

图 5-131　水中鱼插画

3.4　项目练习

以夏天为主题设计插画，尺寸为 A4 大小。

实 训 四

包装设计

4.1　课程概况

4.1.1　内容概要

包装设计广泛应用于实体产品中，食品、电器、家居、日用品、汽车等几乎所有现在可以买到的东西，都是经过包装设计的。包装设计是为了在商品流通过程中更好地保护商品，在创作时要综合考虑包装的物理结构、材质、颜色、使用功能等相关使用要求，然后根据使用要求进行艺术加工和创作，通过功能和艺术的结合给人们以美观和实用的直观享受，并要求设计师既能设计也能动手制作，设计师应按照各个环节的标准来设计包装，使包装既美观又实用。

（1）包装的功能

要想更好地进行包装设计，首先要清晰地了解产品包装的功能，功能主要体现在以下几点。

① 保护商品：一件商品要经过多次流通辗转，经历时间和空间的变换，才能到达消费者手中，包装设计在此过程中起到保护商品的作用。好的包装

设计具有抗震、抗压、抗拉、抗挤、抗磨等功能，有的还能解决商品的防晒、防潮、防腐、防漏、防燃问题，在商品的盛装、存放和运输过程中具有一定的保护作用，能确保商品在任何情况下都完好无损。

② 方便流通和使用：包装设计过程中要重视人文因素，强调人性化和便利性，设计过程中应考虑到各种环境因素，包括储存、运输和使用等方面，这样才是一个真正的好包装，这是包装设计者必须要考虑和衡量的。

③ 美化商品，提高商品接受度：从构思到成品，包装的容器设计依靠各种天然或人造的材料来完成。包装容器造型的美感，通过材料的颜色、质感和被有意识地设计和加工后的造型形象传递给人们的感官系统，让消费者喜爱并购买，可以更好地提升商品购买率。

④ 促进销售，增强品牌竞争力：相同种类不同品牌的商品充斥于消费市场，琳琅满目，使得人们目不暇接。在超市里面，不同品牌的商品按类别展示在指定区域，它们依靠有自身特色的包装来赢得消费者的关注，通过造型精美、商标明晰、文字讲究、色彩和谐的包装样式，为自己的品牌代言，增强市场的竞争力。

（2）包装设计要点

① 形式需与功能和材料相结合：包装设计各种造型与外在表现都需根据包装材料而定，根据保护性与实用性设计符合包装属性的商品包装，切不能盲目形式化而影响包装效果。

② 传达商品信息：商品包装设计需能体现商品的功能与使用特性，使其一目了然，能让人一眼就知道商品类别，同时起到宣传商品的作用。

③ 消费群体不同决定了商品包装不同：需符合消费群体的生活习惯、饮食习惯、消费习惯与思想观念，设计符合消费群体消费观念的商品包装。

④ 包装设计存在时效性：不同时代、一年中不同季节，人们的审美与消费理念存在差异，在进行商品包装设计时，需根据社会发展趋势与具体时间，不能形式化，需设计出符合时代风格与实际消费需求的包装设计。不同地区有着不同的生活习惯、消费习惯及审美习惯，因此包装设计也存在一定的差异。

⑤ 包装比较性：同类商品存在比较，要想包装个性化、别出心裁，达到很好的营销效果，需重视同类商品包装的比较性。

⑥ 包装表现多样性：商品包装现实设计时，需依据视觉接受、视觉传递效果与受众者心理反应，设计多样化的商品包装，增加包装的视觉感染力。

（3）包装设计的特性

要实现完美的设计就要不断研究和探讨新的包装设计观，现代包装设计必须达到以下几个特性才能更好地适应市场和消费者。

① 时代性：包装设计要具有时代特征，不同的时代都有对应的审美标准，设计者要走出办公环境，走进大众消费市场。探索和发现市场上的流行元素，把握时代潮流，

并融会贯通于现代包装设计中。只有紧跟时代步伐，关注和把握国际潮流，充分利用科技新成果，才能表现出强烈的时代气息，才能迎合消费者的时尚心理，创造出新颖独特、顺应时尚潮流的商品包装。

② 创新性：包装设计作为一门创作艺术，创新贯穿始终，需要设计者从包装材料的选择、设计手段等方面发挥创造性，不断推陈出新。包装设计创新不是把原有的包装改得面目全非、把包装元素替换得无影无踪，而是从各个设计元素入手，多方面进行改良，保留其品牌的设计元素、改变细节，从构思、构图、色彩、材料、结构等方面将它们分解、打散、再组合，寻找新鲜独特、足以让人惊艳的视觉效果，发挥包装的功能，设计出自己的商品包装和品牌。

③ 环保性：在全球提倡环保的大环境下，包装材料的环保性必须得到重视，消费者对绿色包装、天然物品的向往和怀旧情感逐渐增加。在材料的选择上应注重包装设计的适应性，强调对比材质和自然物料的应用，并充分发挥自然的厚重肌理、质朴的气息。

④ 融合性：好的包装设计能更好地将民族性与国际性融为一体，更多地以本民族文化艺术审美趋势与要求为根本出发点，吸收与本民族传统艺术相适应的内在因素，在中西文化的对比学习中，吸取传统艺术精髓，融合现代设计理念。

4.1.2　训练目的

通过包装设计的展开图和效果图制作，让读者熟练运用软件工具的功能和命令，了解包装的设计思路和方法。

4.1.3　重点和难点

了解包装的构思原理和规范，更好地发挥包装的作用和功能，以及制作原理。

4.2　设计案例一（心点心品牌长方形包装盒展开图）

4.2.1　思路解析

本案例为制作长方形盒子的展开图，需确保包装盒在物理功能上可以制作完成。我们首先假设盒子为纸盒，通过折叠和胶装进行制作，在纸盒的制作中要明确纸盒的尺寸和折叠面，通过吸附、焊接等方法以保证最终可以制作成功，然后我们使用了艺术笔、文本、插入条形码等命令制作纸盒上的印刷内容。

4.2.2 步骤详解

（1）单击【文件】→【新建】命令，或使用快捷键【Ctrl+N】创建新文档，根据标志的大小，设置大小为 A0，宽 841 mm，高 1 189 mm，命名为"长方形盒子"，原色模式选择 CMYK，分辨率为 300 dpi，如图 5-132 所示。

（2）在属性栏中使用横向命令将纸张设置为横向，如图 5-133 所示。

（3）使用矩形工具绘制一个宽 330 mm，高 300 mm 的矩形，放置在纸张偏左的位置，作为包装盒的正面，如图 5-134 所示。

（4）再次使用矩形工具，紧贴所绘制图形的右边线绘制

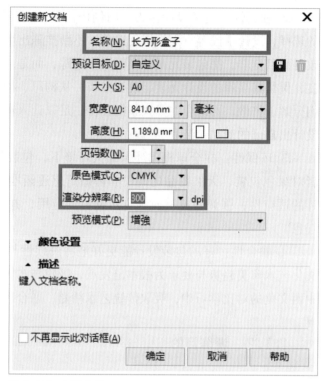

图 5-132　创建文档

一个宽 150 mm，高 300 mm 的矩形，作为包装盒的一个侧面，如图 5-135 所示。

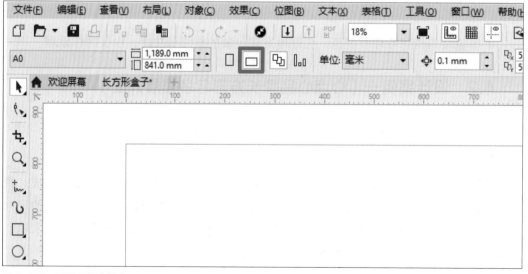

图 5-133　设置纸张为横向

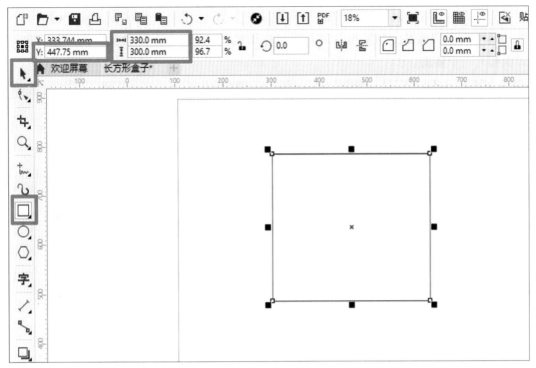

图 5-134 绘制包装盒正面

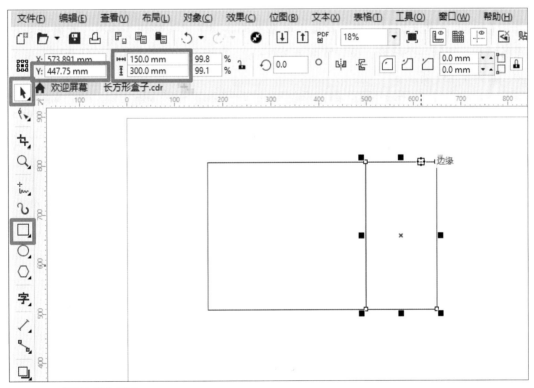

图 5-135 绘制包装盒侧面

（5）将绘制的两个矩形复制，点击拖动左上角的节点，在打开贴齐命令的情况下拖动即可吸附到最初绘制矩形的最右边，移动到图 5-136 所示的位置，作为包装盒的背面和另一个侧面。

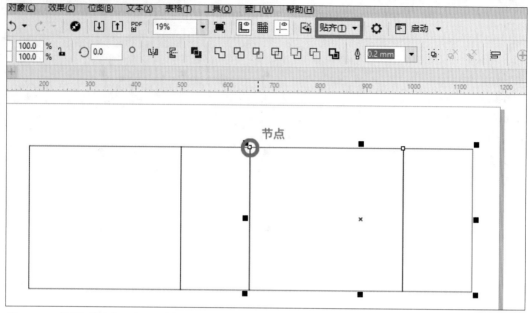

图 5-136　绘制包装盒背面和另一个侧面

（6）点击基本形状工具，在弹出的菜单中选择【基本形状】命令，在属性栏中选择梯形，绘制一个梯形，设置宽度为 300 mm，高度为 80 mm，并将旋转角度设置为 90，如图 5-137 所示。

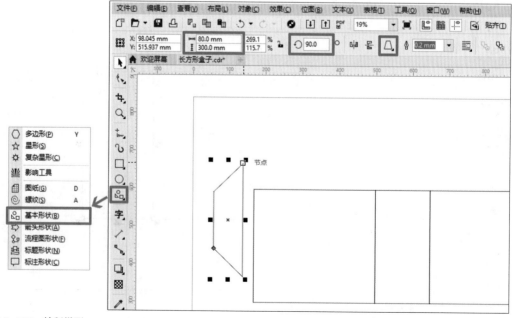

图 5-137　绘制梯形

（7）使用形状工具，点击红色节点调整等腰梯形腰的斜度，使用选择工具点击右上角的节点调整梯形的位置，将其制作为包装盒的粘贴处，如图 5-138 所示。

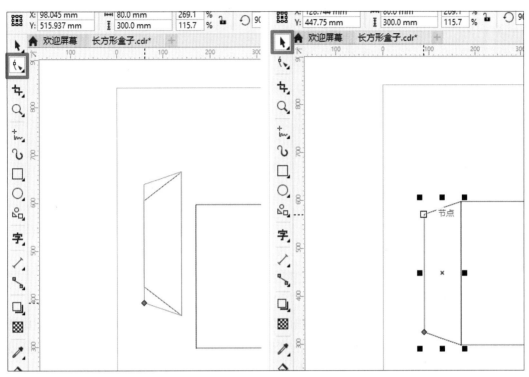

图 5-138　调整梯形位置

（8）使用矩形绘制包装盒的底部，宽度等同于包装盒的正面、背面和侧面，高度为 150 mm，如图 5-139 所示。

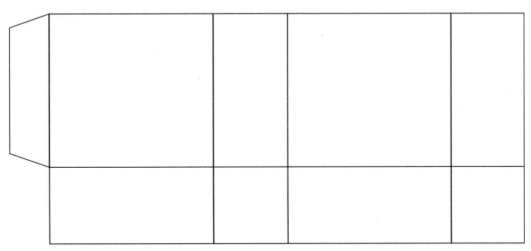

图 5-139　绘制包装盒底部

（9）在方形上单击鼠标右键，在弹出菜单中选择【转换为曲线】命令，然后选择形状工具，将方形的形状调整至如图 5–140 所示。

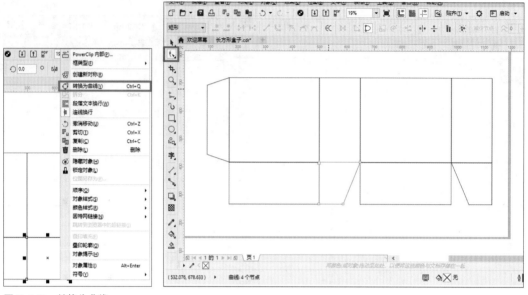

图 5–140　转换为曲线

（10）点击基本形状工具，在弹出的菜单中选择【基本形状】命令，在属性栏中选择梯形，绘制三个梯形，设置小梯形的宽度为 90 mm，高度为 180 mm，大梯形的宽度为 180 mm，高度为 210 mm 的梯形，如图 5–141 所示。

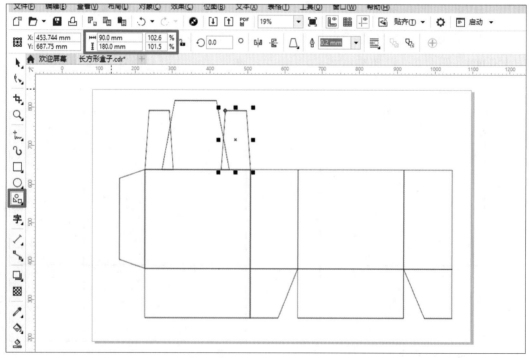

图 5–141　绘制三个梯形

（11）选择三个梯形，在菜单栏中选择【对象】→【对齐与分布】→【对齐与分布】命令，打开对齐与分布版面，点击水平分散排列中心命令，水平分布三个梯形，如图 5-142 所示。

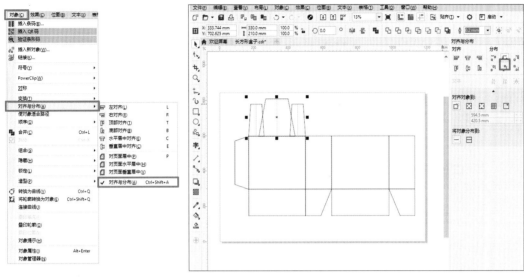

图 5-142　水平分布三个梯形

（12）在选中三个梯形的情况下，在属性栏中点击焊接命令，得到如图 5-143 所示的效果。

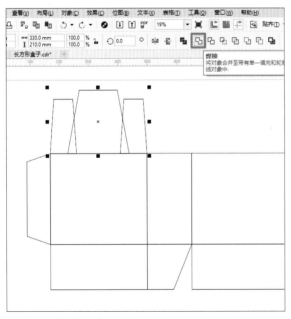
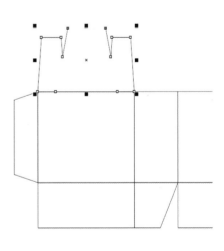

图 5-143　焊接图形

（13）使用形状工具选择合并后上面的六个节点，在菜单栏中选择【窗口】→【泊坞窗】→【圆角/扇形角/倒棱角】命令，在弹出的版面中选择圆角，半径选项输入15mm，点击应用得到最终的顶盖效果，如图 5-144 所示。

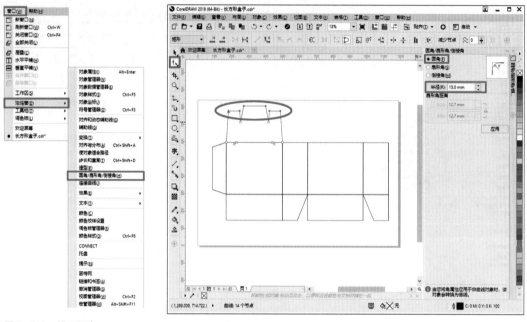

图 5-144　设置圆角

（14）使用矩形工具绘制一个宽 150 mm，高 150 mm 的梯形，如图 5-145 所示。

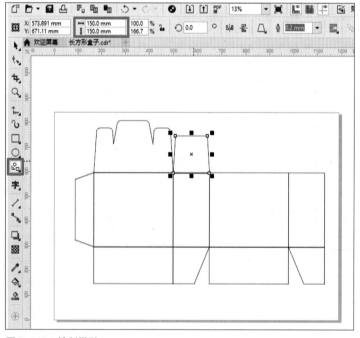

图 5-145　绘制梯形

（15）使用形状工具选择梯形的上面两个节点，在【圆角 / 扇形角 / 倒棱角】版面中选择圆角，半径选项输入 70 mm，点击应用得到最终侧面封盖的效果，如图 5–146 所示。

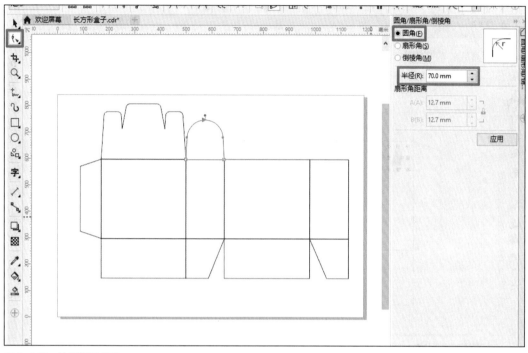

图 5–146　绘制侧面封盖

（16）使用同样的方法绘制剩余的盒子形状，最终效果如图 5–147 所示。

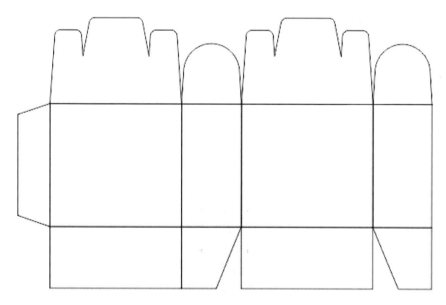

图 5–147　绘制剩余盒子形状

（17）使用艺术笔工具，在属性栏中设置类别为底纹，笔刷笔触为合适的形状，笔触宽度为 55 mm，绘制如图 5–148 所示的形状，然后将其填充为红色。

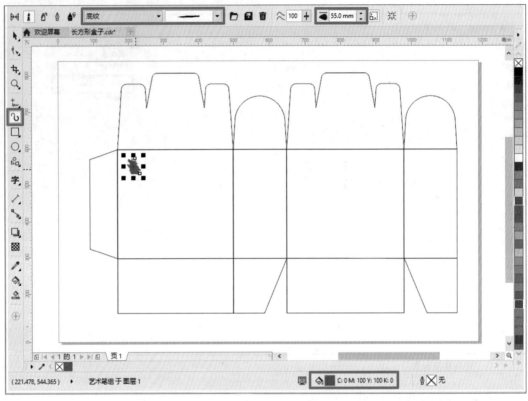

图 5–148　绘制图案

（18）使用文本工具，在属性面板中字体列表选择隶书，字体大小选择 48 pt，文本方向为竖排，输入文字"精品"，然后将其转换为白色，放置在步骤（17）绘制的红色图案上，如图 5–149 所示。

图 5–149　输入"精品"文本

（19）使用矩形工具绘制一个如图 5-150 所示的中式文案图形。

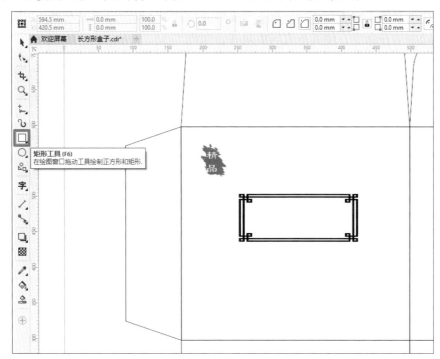

图 5-150　绘制中式文案图形

（20）使用文本工具，在属性面板中字体列表选择隶书，字体大小选择 100 pt，文本方向为横排，输入"心点心"作为品牌的名称；使用文本工具，在属性面板中字体列表选择隶书，字体大小选择 36 pt，文本方向为横排，输入"心点心出品"，放置于包装面的底部，如图 5-151 所示。

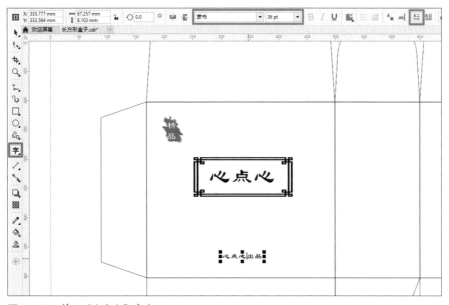

图 5-151　输入"心点心"文本

（21）选择已经做好的中式文案图形、心点心的文字和心点心出品的文字，在菜单栏中选择【对象】→【对齐与分布】→【对齐与分布】命令，打开对齐与分布版面，点击水平居中对齐命令，使其垂直居中对齐，如图 5-152 所示。

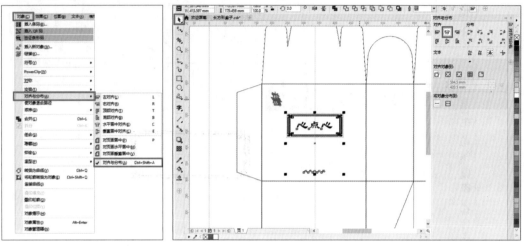

图 5-152　使文字垂直居中对齐

（22）复制正面包装盒上的所有图案，并将其放置到背面，如图 5-153 所示。

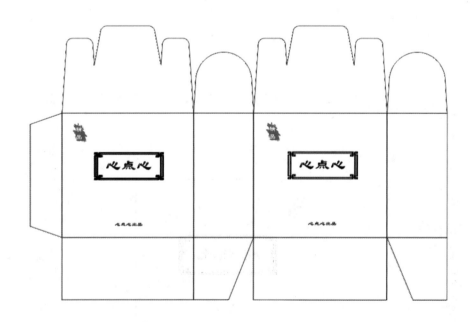

图 5-153　复制图案并置于背面

（23）使用文本工具，在属性面板中字体列表选择黑体，字体大小选择 24 pt，文本方向为横排，输入"品名：心点心礼盒"、"执行标准：＊＊＊＊＊＊"、"保质期：8 个月（阴凉干燥处）"、"净含量：1kg"等字样，如图 5-154 所示。

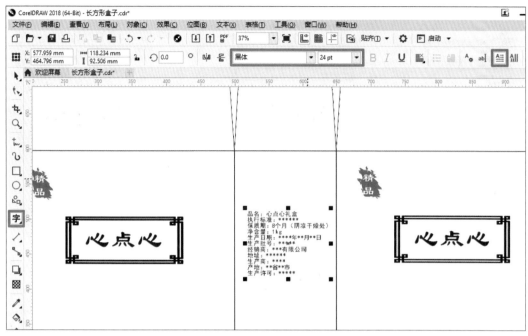

图 5-154　文本输入

（24）选择输入的字体，在菜单栏中选择【文本】→【文本属性】，在文本属性窗口中行间距选项处输入 140%，如图 5-155 所示。

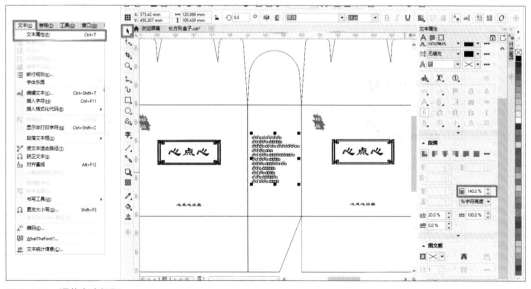

图 5-155　调整文本间距

（25）点击菜单栏中【对象】→【插入条码】，在弹出的菜单中，输入不少于 13 位的数字作为条形码的编号，点击下一步将条形码的字体大小设置为 20pts，然后点击完成，并将条形码放置于适当的位置，如图 5-156 所示。

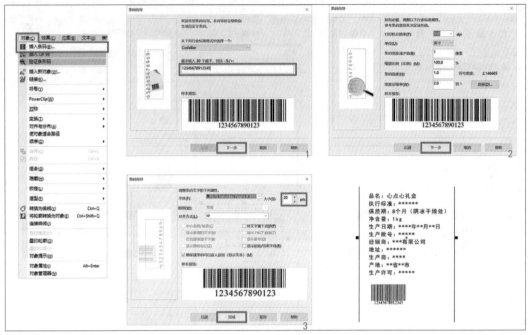

图 5-156　制作条形码

（26）使用椭圆工具，按住【Ctrl】键绘制一个正圆，将其填充为（C:100 M:100 Y:0 K:0）的颜色；使用文本工具在属性栏中设置字体为 Bell MT 并选择粗体，输入大写的字母"S"，颜色为白色，将其放入正圆的中央后调整大小，如图 5-157 所示。

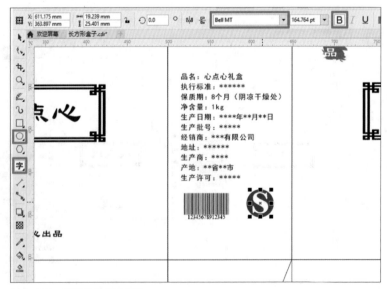

图 5-157　设置英文字母色彩

（27）使用贝塞尔工具绘制一个波浪的形状，将填充色设置为（C:100 M:100 Y:0 K:0），轮廓色设置为无，放置在正圆形状的下方，如图 5-158 所示。

图 5-158　图形绘制

（28）使用文本工具在绘制图形的下方使用宋体字输入"质量安全"，填充色设置为（C:100 M:100 Y:0 K:0），双击轮廓色在弹出的轮廓笔版面中将宽度设置为 0.25 mm，字体大小基本与形状宽度相同，并放在适当位置。使用矩形工具绘制只有轮廓色的质量安全标志外框，再次双击轮廓色在弹出的轮廓笔版面中将宽度设置为 1 mm，如图 5-159 所示。

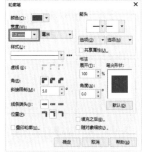

图 5-159　输入"质量安全"文本

（29）使用文本工具，将属性面板中的字体选择黑体，字体大小选择 24 pt，文本方向为横排，在包装盒另一个侧面输入"配料表、净含量等"内容。具体操作可参照步骤（23）、（24），如图 5-160 所示。

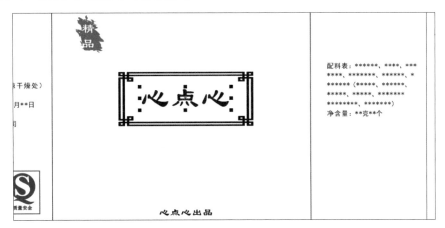

图 5-160　输入侧面文本

（30）最终得到制作效果如图 5-161 所示。

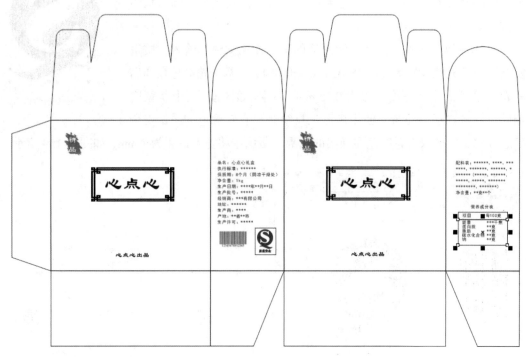

图 5-161　心点心品牌长方形包装盒展开图

4.3　设计案例二（心点心品牌柱形包装盒效果图）

4.3.1　思路解析

本案例通过制作柱形包装盒效果图，让读者了解如何使用部分展开图来制作立体效果图，案例中制作的是六棱柱式的柱形包装。我们在展开图的部分，分别讲授正六边形的使用、文本的字间距，复制已有的 CorelDRAW 文件图形等命令，在效果图制作阶段，讲授群组、圆角矩形、拉伸和斜切等工具。

4.3.2　步骤详解

（1）单击【文件】→【新建】命令，或使用快捷键【Ctrl+N】创建新文档，根据标志的大小，设置大小为 A4，宽 210 mm，高 297 mm，命名为"柱形包装盒"，如图 5-162 所示。

（2）使用矩形工具绘制一个宽 40 mm，高 100 mm 的矩形，作为柱形包装的一个立面并将填充色设置为白色，如图 5-163 所示。

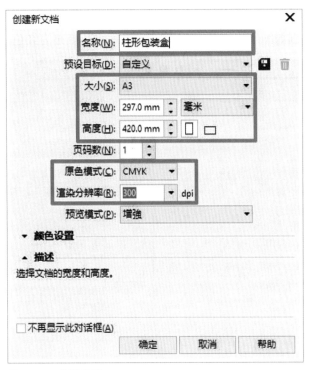

图 5-162　创建文档

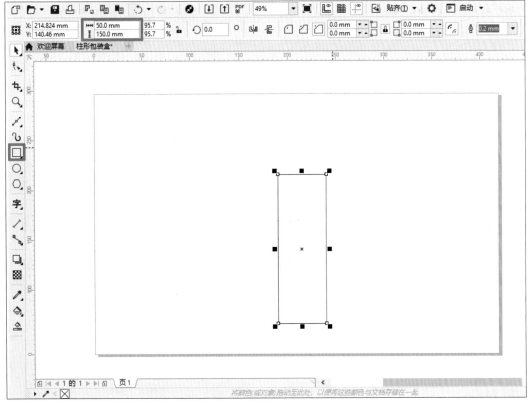

图 5-163　绘制矩形

（3）使用艺术笔工具，在属性栏中设置类别为底纹，笔刷笔触为合适的形状，笔触宽度为 12 mm，绘制如图 5-164 所示的形状，然后将其填充为红色。

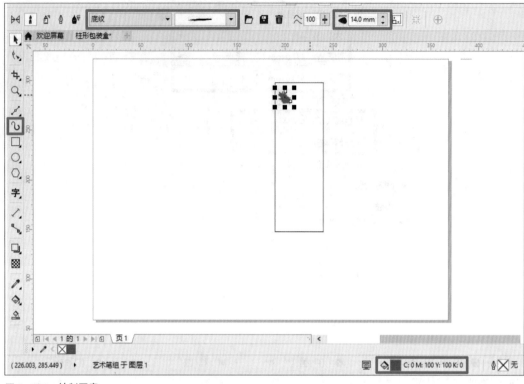

图 5-164　绘制图案

（4）使用文本工具，在属性面板中字体列表选择隶书，字体大小选择 16 pt，文本方向为竖排，选择输入的字体，在菜单栏选择【文本】→【文本属性】，在文本属性窗口中字符间距选项处输入 -50%，并将其放置在合适的位置，如图 5-165 所示。

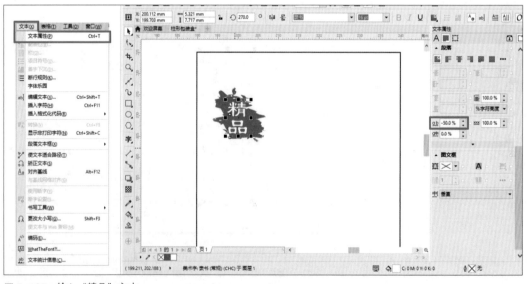

图 5-165　输入"精品"文本

（5）打开设计案例一的源文件，将设计案例一中的中式图案复制粘贴到当前案例中，并旋转90°放到当前位置，如图5-166所示。

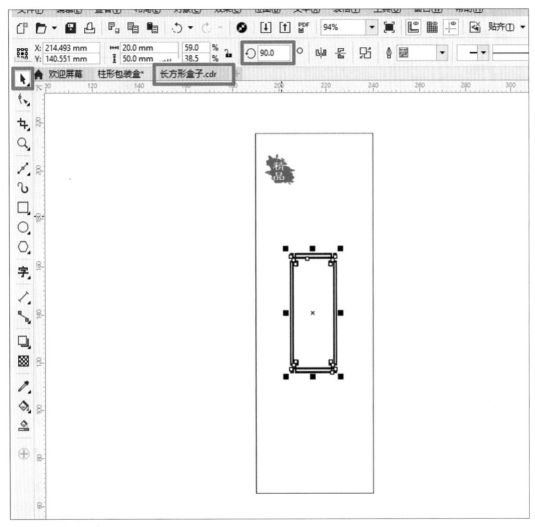

图 5-166　复制图案

（6）首先选中中式图案，再按【Shift】键加选外面的轮廓框（选择的顺序必须是先选中式图案再选轮廓框），然后在菜单栏中先选择【对象】→【对齐与分布】→【水平居中对齐】命令，再选择【对象】→【对齐与分布】→【垂直居中对齐】命令，将中式图案放置于轮廓框的正中心，如图5-167所示。

图 5–167　将图案放置在轮廓框正中心

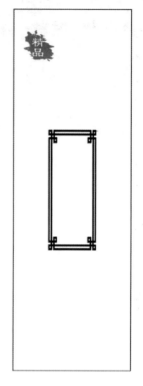

（7）使用文本工具，在属性面板中字体列表选择隶书，字体大小选择 36 pt，文本方向为竖排，输入"心点心"文字；选择输入的字体，在菜单栏中选择【文本】→【文本属性】命令，在文本属性窗口中字符间距选项处输入 20%，并将其放置在中式图案正中的位置，如图 5–168 所示。

（8）使用文本工具将字体设置为隶书，字体大小为 10 pt，排版形式为横排，输入文字"净含量：200 克"，并在菜单栏中选择【文本】→【文本属性】命令，打开文本属性面板，在文本属性面板中将字间距设置为 0，如图 5–169 所示。

图 5–168　输入"心点心"文本

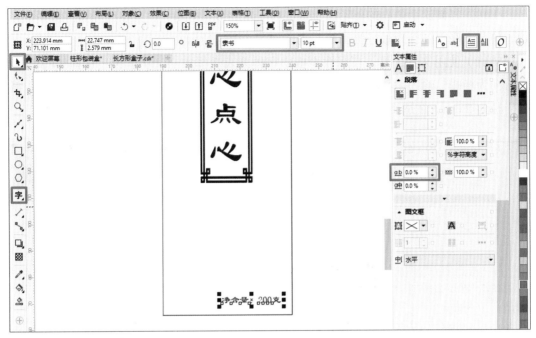

图 5-169　调整文本格式

（9）使用矩形工具，在属性栏中将边角设置为圆角，圆角半径设置为 1mm，绘制一个圆角矩形作为净含量文字的装饰，如图 5-170 所示。

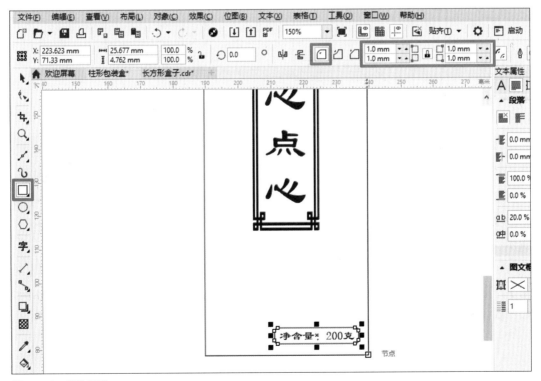

图 5-170　调整矩形

（10）复制这个侧面的外轮廓，点击右下角的节点拖动，放置在已经做好侧面的左边，使节点吸附到已经做好侧面的左边，如图 5–171 所示。

（11）使用文本工具，在属性面板中字体列表选择隶书，字体大小选择 14 pt，文本方向为横排，输入"心点心出品"的字样，使用矩形工具将边角类型调整为圆角，圆角半径为 2 mm，在适当的位置绘制圆角矩形，如图 5–172 所示。

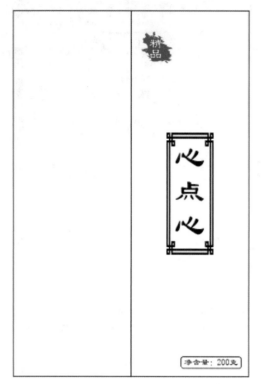

图 5–171　复制外轮廓

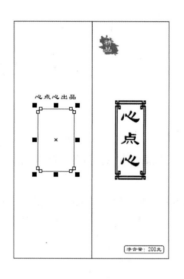

图 5–172　输入"心点心出品"文本

（12）在菜单栏中选择【文件】→【导入】，打开导入面板找到素材中的点心图片，导入到 A3 纸上；选择所导入的图片，在菜单栏中选择【对象】→【PowerClip】→【置于图文框内部】命令，点击圆角矩形边框，将图片置于圆角矩形内部，如图 5–173 所示。

（13）先选择文字和圆角矩形图片，再选择外轮廓框，然后在菜单栏中选择【对象】→【对齐与分布】→【水平居中对齐】命令，使文字和图片距轮廓的左右距离相同，如图 5–174 所示。

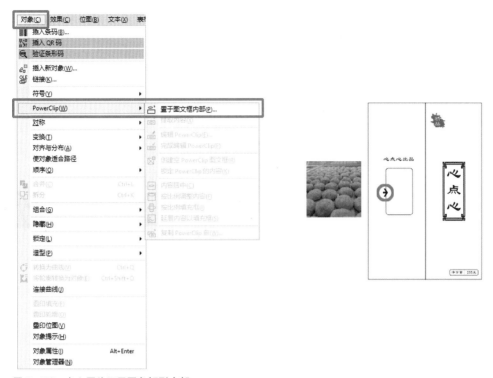

图 5-173　点心图片置于圆角矩形内部

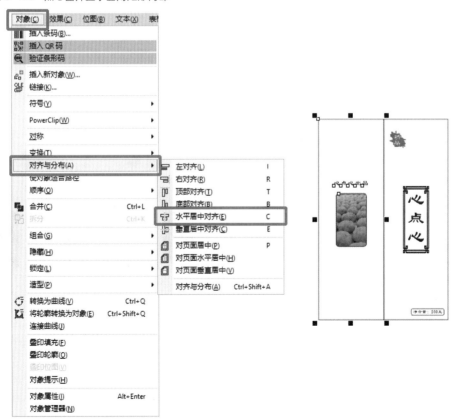

图 5-174　调整间距

（14）在菜单栏中选择【文件】→【导入】命令，打开导入面板找到素材中的"点心 1"图片，导入到 A3 纸上，如图 5–175 所示。

图 5–175　导入素材

（15）选择所导入的图片，在菜单栏中选择【对象】→【PowerClip】→【置于图文框内部】命令，点击圆角矩形边框，将图片置于圆角矩形内部，如图 5–176 所示。

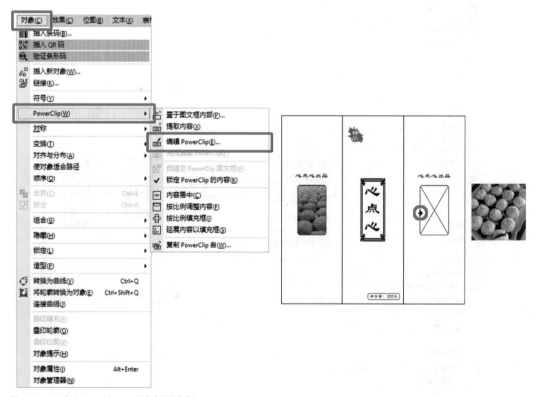

图 5–176　点心 1 图片置于圆角矩形内部

（16）使用多边形工具在属性栏中将点数或边数设置为 6，长按【Shift】键绘制一个正六边形，然后选择正六边形，在属性栏中将宽度设置为 100 mm，高度设置为 88 mm，旋转 90°，并将填充色设置为白色，轮廓色设置为黑色。复制绘制图形中的新品图标并放置于正六边形上，复制画面图形中的心点心文字，将其在属性栏中设置为横排，得到包装盒顶盖的样式，如图 5-177 所示。

（17）使用选择工具选择包装盒顶盖的部分，然后在选中的图形上点击鼠标右键，在弹出的菜单中选择【组合对象】，如图 5-178 所示。

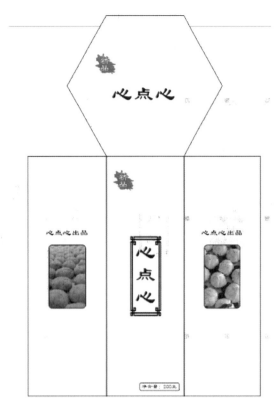

图 5-177　制作包装盒顶盖

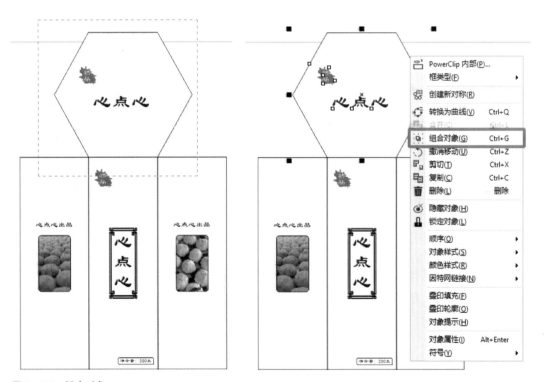

图 5-178　组合对象

（18）以同样的方法群组另外三个侧面，如图 5-179 所示。

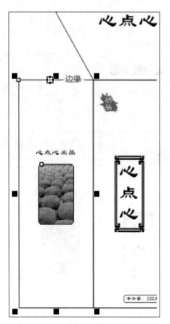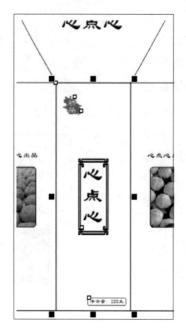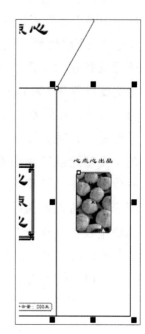

图 5-179　群组其他侧面

（19）使用选择工具选择正六边形，在缩放模式下将六边形压扁，在旋转和斜切模式下将正六边形斜切，如图 5-180 所示。

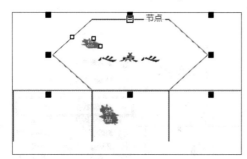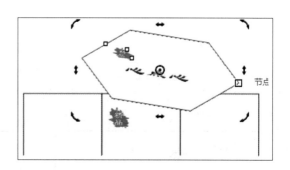

图 5-180　调整正六边形

（20）使用选择工具在标尺上按下鼠标左键，拖出辅助线并吸附在最左端的两个端点上，如图 5-181 所示。

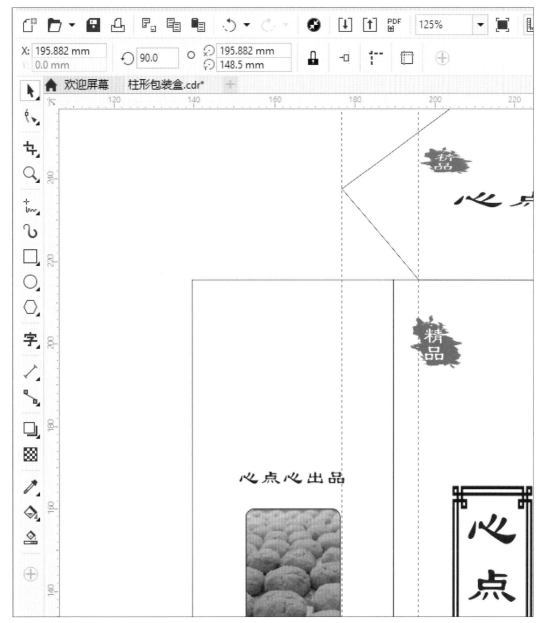

图 5-181　标尺比量

（21）使用选择工具将左边的侧面图在缩放模式下放置在两条辅助线的中间，在旋转和斜切模式下将侧面图斜切，如图 5-182 所示。

（22）使用选择工具将剩余的侧面图使用同样的方法调整到适当的位置，得到最终效果如图 5-183 所示。

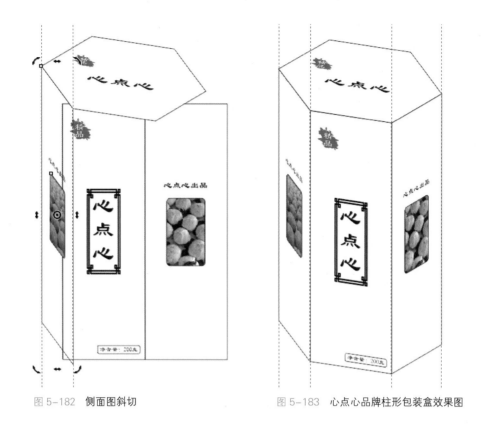

图 5-182　侧面图斜切　　　　　　　　　图 5-183　心点心品牌柱形包装盒效果图

4.4　项目练习

制作一款口红的包装，制作过程中考虑到商品的受众群体、售卖场所等一系列因素。

书籍装帧设计

5.1 课程概况

5.1.1 内容概要

书籍是人类交流思想、传播知识、积累文化的重要载体，它是人类历史发展长河中智慧的结晶，它对人类的进步起着至关重要的作用。书籍装帧设计是依附于书籍的产生而产生的，并随着时代的进步和发展。在信息高速发展的今天，书籍装帧设计以不可替代的功能性及独特的艺术魅力，越来越受到人们的关注和重视。

装帧中的"装"字源于中国早期的书籍形式，如简策装、卷轴装、册页装等，这些装字有装潢即美化的意思，"帧"在字典里是量词。装帧即把许多书页装订成册。

书籍装帧设计即书籍设计，在当下不仅仅是为书籍做简单的外表包装，而是以书籍形态为载体，进行从书心到外观全方位的整体视觉形象设计。书籍装帧包含三大部分：封面设计（封面、封底、书脊设计、精装书的护封设计），版式设计（扉页、环衬、字体、开本、装订方式等），插图设计（题头、尾花和插图创作等）。书籍装帧设计是一门多学科交叉的艺术学科，是一项立体的、多层次的、动态的系统工程，是将一部文字或图片的书稿，经过书籍装帧设计者的艺术构思，运用文字、图形、色彩、编排等艺术手法和艺术造型，再通过一系列的工艺生产制作过程，制作成具有审美情趣的书籍的综合艺术。

（1）书籍装帧设计的特点

书籍装帧设计是一个独立的艺术门类，它具有不同于其他艺术样式的个性特征，具体表现在以下几个方面。

① 特殊的艺术媒介：每个艺术门类都通过不同的载体表达各自的艺术情感，以呈现各自不同的形态，如音乐、舞蹈、电影、绘画；又如视觉设计中的广告设计、环境艺术设计、服装设计等，书籍设计正是以一种供人阅读的书籍为载体的艺术。

② 独特的表现手段和艺术语言：书籍设计艺术载体的特殊性，使得它在表现手段与艺术语言上都有别于其他艺术门类，如纸张材料、制版书籍装帧设计的理论基础工艺、印刷工艺、装订工艺等都是书籍设计的特有艺术语言。而对书籍开本及结构的设计、对内文版式的设计、对书籍护封的设计等，都是其他艺术门类的艺术手段中所缺乏的。

③ 多元的审美方式：不同的艺术门类有着不同的审美方式。书籍装帧设计艺术的审美是动态的、立体的，且具有时间的延续性与间歇性特征，它需要将读者的视觉、触觉、听觉甚至嗅觉和味觉都紧密联系起来，是一种多元的、独特的审美方式。

④ 从属性与独立性：书籍装帧设计不能脱离书籍而存在，它是有对象、有目的的设计活动，书籍装帧设计要能体现书籍的内容并服务于读者。所以，其艺术性要依从于书籍的功能。设计者需要在内容的限制下进行艺术的创造与表现。其次，书籍独立的艺术价值也是不容忽视的，设计者可根据自己对书稿内容独特的理解，用新颖的表现手法来展示书稿的性质、内容和精神气质，具有创作的独立性。

（2）书籍装帧设计的基本原则

① 形式与内容的高度统一：书籍装帧设计首先要能概括、集中、本质地反映一本书的中心思想和主要内容，设计中的一切图案、文字、色彩等都为这本书的内容服务，即做到表里如一，将内容和形式统一起来。如果形式不顾及内容而强行结合起来，这时的美就成了堆砌，就成了不能传达内容的无价值的形式，美也从形式中消失了。书籍装帧设计要求设计者熟悉书稿的内容，掌握书稿的精神，了解作者的风格和读者的特点等，通过提炼书籍的精神内容，用美的形式使书籍的生命升华。

② 实用性与艺术性的完美结合：书籍装帧设计不是纯艺术，属于实用美术范畴。它与技术条件紧密相连，书籍装帧设计必须符合可行、实用、经济、美观的原则。设计要适应当前的物质技术条件和读者的经济承受能力，材料要适应市场供应，印刷工艺要与工厂的设备和技术条件相适应。书籍装帧设计的艺术性又可以使功能体现得更完美，促使书籍的使用价值体现得更鲜明，让书籍更便于阅读，可以唤起读者强烈的阅读兴趣。

优秀的书籍装帧设计作品必然在超然的艺术表现力中融合了实用性功能的意义。

③ 文化性与广告性并存：书籍是一种文化商品，这种商品本身既要具有文化性，又要具有广告性。文化性就如我们所说的书卷气，强调装帧的含蓄性和文化气息。而在竞争激烈的市场经济环境下，加强书籍设计的广告效应不仅是市场的要求，也是文化宣传的要求。优秀的书籍装帧设计作品不仅要能体现文化特征，还应以强烈的视觉诱导语言去征服读者，便于读者找到自己需要的书，从而唤起读者潜在的购买欲。

④ 时代性与民族性相融：时代性是指书籍设计的创意要符合当代人们的审美观，能充分反映时代精神和时代气息；民族性则是要求装帧能够体现民族文化的精髓和灵魂。华夏书籍装帧设计艺术有着悠久的历史和浓郁的民族特色，现代的书籍装帧设计首先要能充分体现中华民族的文化底蕴，其次要具有自身文化品格，同时又能兼容外来文化的精髓。

5.1.2 训练目的

通过书籍装帧的设计训练，让读者能够根据不同书籍的内容特性，有针对性地进行封面封底的设计，做到封面形式与书籍内容相统一。

5.1.3 重点和难点

本案例的重点和难点在于设计过程中注意书籍封面设计的繁与简的取舍，对于不同内容的书籍采用不同的设计思路。再通过软件相关功能的解析学习文本工具的基本操作方法，掌握将矢量图形转换为位图并调整颜色的方法和技巧。

5.2 设计案例一（《诗经》的装帧设计）

5.2.1 思路解析

本案例是设计《诗经》的封面和封底，在设计过程中要结合书籍内容体现书的古韵古风，整体上注意封面设计的简洁性，避免复杂。此外，通过练习能够熟练运用工具的配合使用。

5.2.2 步骤详解

（1）创建新文档并根据书本展开尺寸设置参数值，如图 5-184 所示。

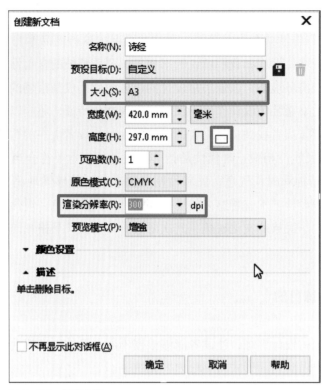

图 5-184　创建文档

（2）运用矩形工具绘制一个矩形，将参数值设置成绘图区大小，并配合【P】键将其居中到绘图区，将矩形填充为牛皮纸色（C:26 M:37 Y:53 K:0），确定书本的封面封底色，如图 5-185 所示。

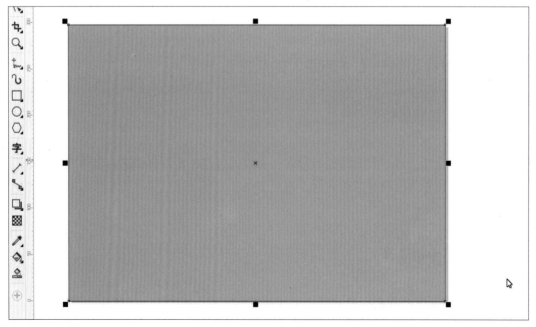

图 5-185　绘制矩形

（3）运用矩形工具拉取一个矩形，在属性工具栏上将参数值更改为和书本高度、厚度相应的数值，并配合【P】键将其居中到绘图区，该矩形即为书脊，如图 5-186 所示。

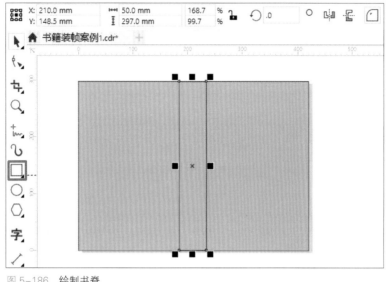

图 5-186　绘制书脊

（4）运用手绘工具，配合【Shift】键绘制垂直的线段，再绘制平行的线段，并配合快捷键【Ctrl+D】等距离复制，如图 5-187 所示。

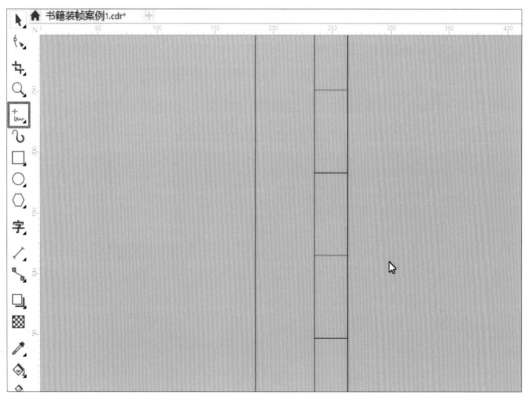

图 5-187　绘制线段

（5）选择绘制的所有线段，在属性工具栏处，改变线段粗细，并更改线段颜色为白色（C:0 M:0 Y:0 K:0），鼠标左键拖动图形对象，配合【Ctrl】键进行水平翻转并单击鼠标右键复制图形对象，如图 5-188 所示。

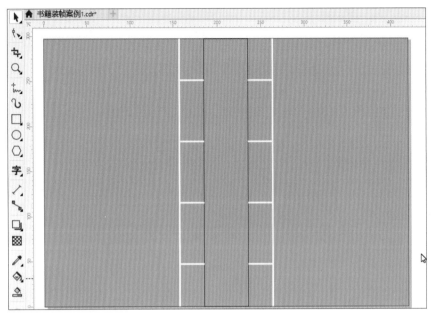

图 5-188　复制翻转图形

（6）运用矩形工具拉取一个矩形，并填充淡黄色（C:0 M:0 Y:20 K:0），取消轮廓线，如图 5-189 所示。

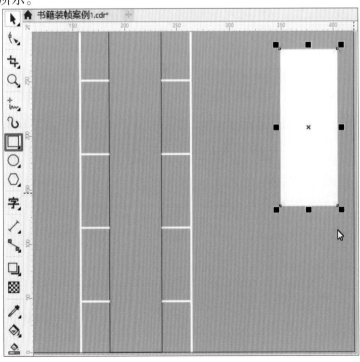

图 5-189　拉取矩形

（7）选择矩形并拖动，配合【Shift】键向内单击鼠标右键复制一个稍小的矩形，并右键单击调色板上的黑色（C:0 M:0 Y:0 K:100），添加黑色轮廓，在属性工具栏处加宽矩形的轮廓线，再次操作，绘制一个矩形内线框，如图 5-190 所示。

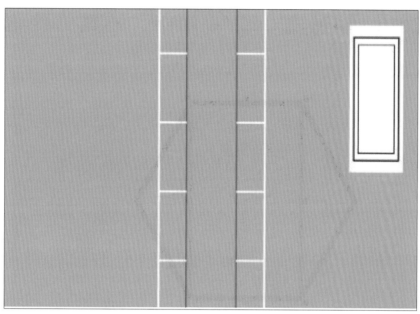

图 5-190　绘制内线框

（8）运用文本工具添加书本名称，在属性工具栏处将文本改为垂直方向，并运用选择工具调整文字大小及位置，运用形状工具调整字间距，如图 5-191 所示。

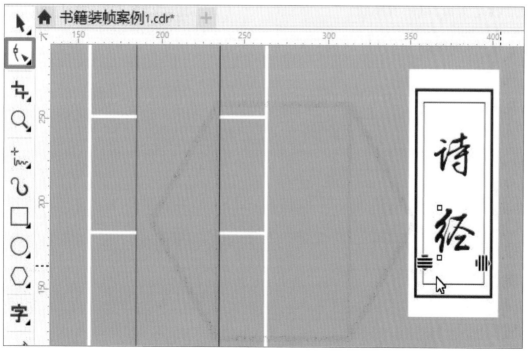

图 5-191　输入"诗经"文本

（9）接下来绘制封面装饰图案，运用多边形工具配合【Ctrl】键绘制一个正六边形，并添加宽轮廓线，在属性工具栏处将旋转数值更改为90，旋转图形对象，运用矩形工具在正六边形内拉取一个矩形，并更改轮廓线宽度，如图 5-192 所示。

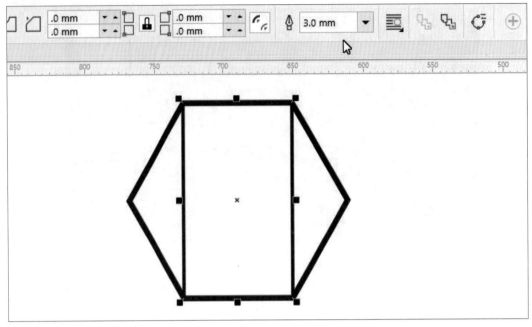

图 5-192　绘制装饰图案框架

（10）在正六边形内拉取矩形边框，运用手绘工具绘制线段组合，绘制多个装饰线框线条，如图 5-193 所示。

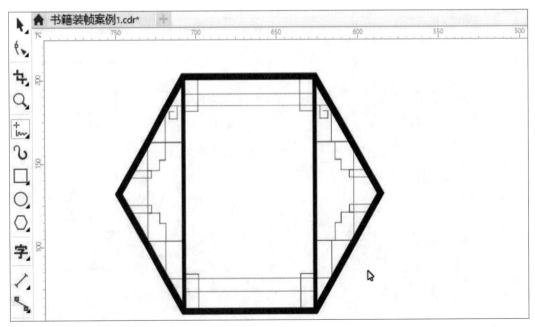

图 5-193　绘制装饰图案内部

（11）选择正六边形，单击鼠标右键选择【锁定对象】，如图 5-194 所示。

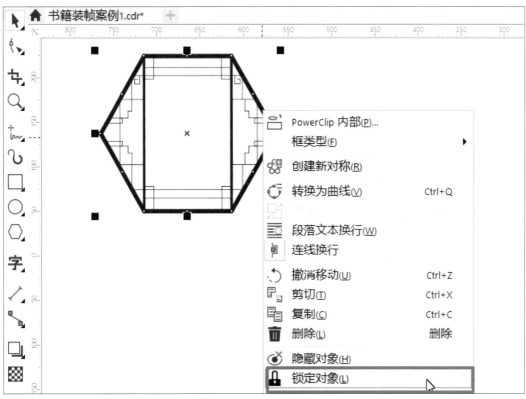

图 5-194　锁定正六边形

（12）锁定正六边形后框选全部图形对象，在属性工具栏上更改线框粗细，如图 5-195 所示。

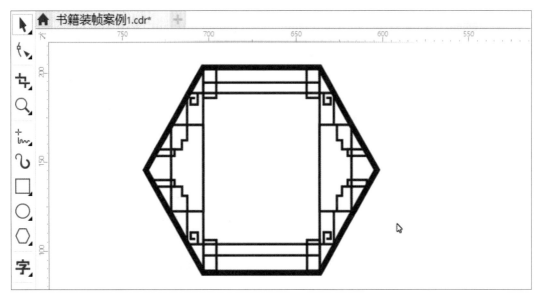

图 5-195　更改线框粗细

（13）选择正六边形，取消锁定对象后，框选全部图形对象配合快捷键【Ctrl+G】组合对象。运用艺术笔工具配合书写工具栏上的预设和笔刷大小绘制一些兰草装饰，如图 5–196 所示。

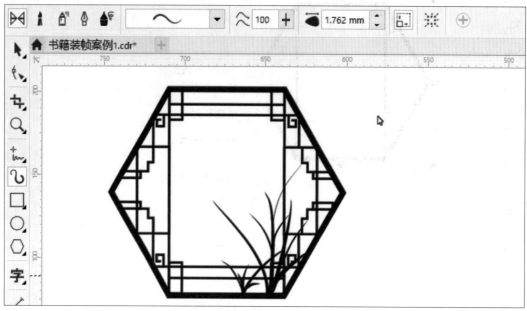

图 5–196　绘制兰草装饰

（14）框选所有图形对象并配合快捷键【Ctrl+G】组合图形对象后，再配合快捷键【Ctrl+Q】转换为曲线，放到书本封面的合适位置，并填充黄色（C:0 M:0 Y:20 K:0），如图 5–197 所示。

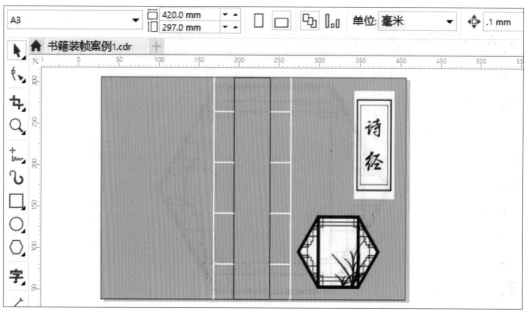

图 5–197　调整装饰图形

（15）框选书本名称部分并复制，运用选择工具调整大小比例后，配合【P】键居中到书脊上，最终效果如图 5-198 所示。

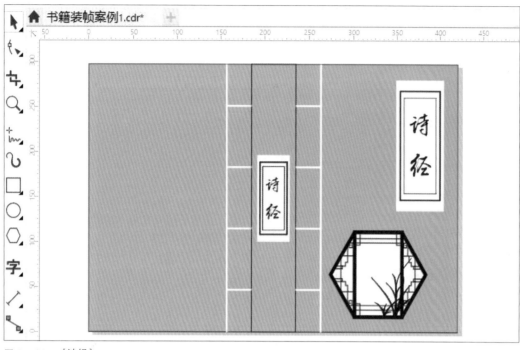

图 5-198 　《诗经》

5.3 　设计案例二（儿童练习册设计）

5.3.1 　思路解析

本案例在设计过程中，应注意封面的形式感，以及色彩搭配，再制作一些装饰图案。注意矩形工具、椭圆形工具、贝塞尔工具等的配合使用，提高制作效率。

5.3.2 　步骤详解

（1）创建新文档并根据练习册展开尺寸设置参数值，如图 5-199 所示。

图 5-199 　创建文档

（2）运用矩形工具绘制一个矩形，将参数值设置成绘图区大小，并配合【P】键将其居中到绘图区，将矩形填充为冰蓝色（C:40 M:0 Y:0 K:0），完成练习册的封面封底色。为了在制作过程中区分封面封底的界限，运用矩形工具拉取一个练习册对折后尺寸的矩形，对应节点放置，如图 5-200 所示。

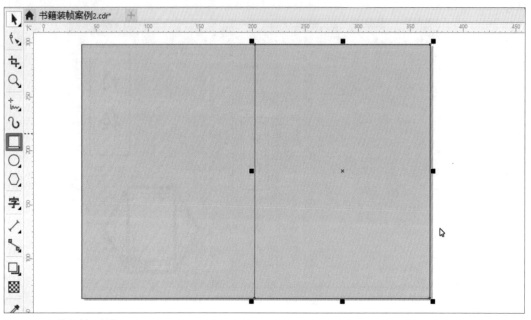

图 5-200　绘制封面封底

（3）配合使用矩形工具和椭圆形工具制作半圆，将半圆拖动到矩形底边中点处，并取消半圆轮廓线，如图 5-201 所示。

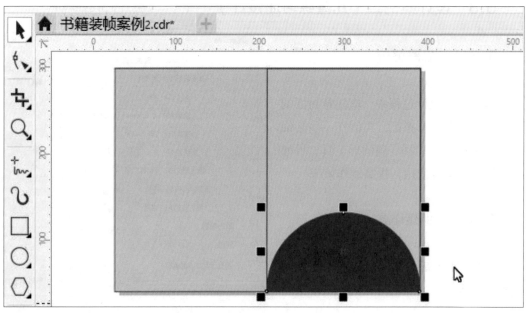

图 5-201　绘制半圆

（4）切换到文本工具，将光标移动到椭圆边缘处，当光标变换为一条曲线时，即可输入弧形文字"练习册"，运用选择工具调整文字位置及大小，如图 5-202 所示。

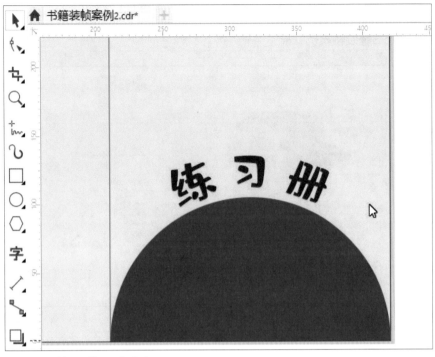

图 5-202　输入"练习册"文本

（5）将星星装饰素材拖动到半圆图形对象上进行装饰，如图 5-203 所示。

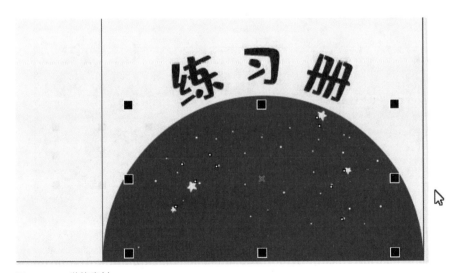

图 5-203　装饰素材

（6）运用贝塞尔曲线绘制形似鸭子的轮廓线，并填充黄色（C:0，M:0，Y:100，K:0），取消轮廓线。用选择工具框选全部配合快捷键【Ctrl+G】组合图形对象，如图 5-204 所示。

图 5-204　绘制鸭子

（7）运用贝塞尔工具绘制一些波浪装饰，将绘制好的波浪线加粗，更改颜色为青色（C:100 M:0 Y:0 K:0），复制多个对象后摆放到封面上，如图 5-205 所示。

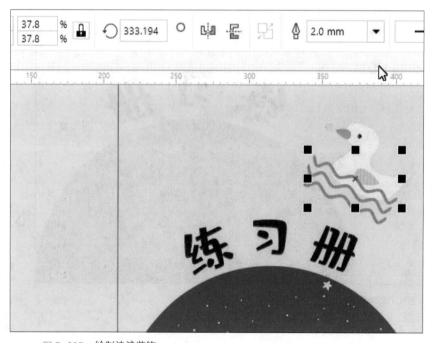

图 5-205　绘制波浪装饰

（8）继续绘制一些装饰图案丰富封面，运用椭圆形工具配合【Ctrl】键拉取一个圆形，单击圆形配合【Shift】键向内缩小复制一个略小的圆形后，同时选择这两个圆，在属性工具栏处点击【移除前面对象】得到一个圆环，如图 5-206 所示。

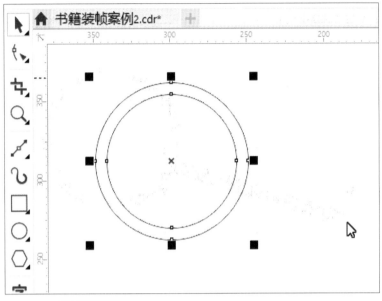

图 5-206　绘制圆环图形

（9）将圆环填充为黑色（C:0 M:0 Y:0 K:100）后，运用阴影工具拉出投影，如图 5-207 所示。

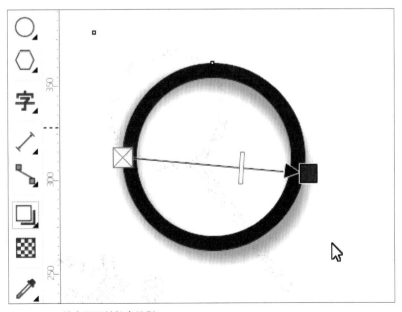

图 5-207　填充圆环并拉出投影

（10）运用矩形工具拉取一个矩形，通过旋转和移动摆放到圆环上，并填充黑色（C:0 M:0 Y:0 K:100）。配合快捷键【Ctrl+Q】将矩形转换为曲线后，选择矩形的侧边运用形状工具单击属性工具栏处的【转换为曲线】，向外拉出，做出圆弧效果，如图 5-208 所示。

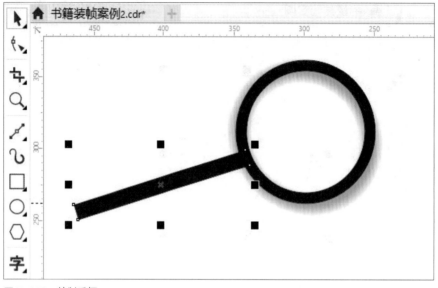

图 5-208　绘制手柄

（11）运用矩形工具拉取不同参数值的矩形并填充白色，取消轮廓线，为图形对象制作高光效果，如图 5-209 所示。

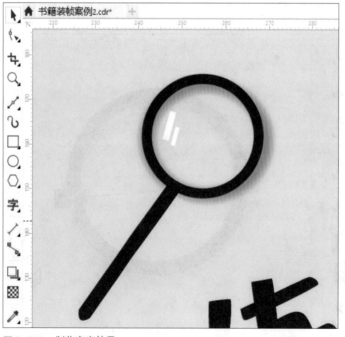

图 5-209　制作高光效果

（12）运用矩形工具等绘制其他装饰图案并添加文本丰富图案，如图 5-210 所示。

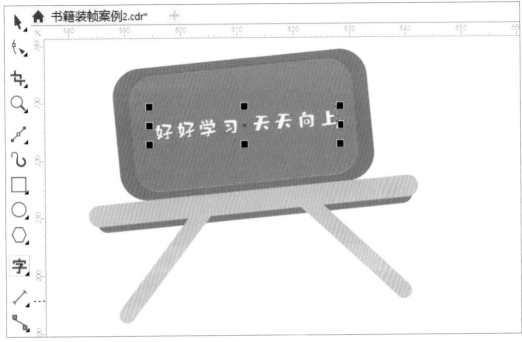

图 5-210　绘制其他装饰图案

（13）依照上述几种方法再制作一些装饰图案摆放到封面上丰富封面，如图 5-211
所示。

图 5-211　绘制封面其他图案

（14）运用矩形工具拉取一个矩形后，切换到形状工具在属性工具栏处将矩形改为圆角并填充淡黄色（C:0 M:0 Y: 20 K:0），取消轮廓线，复制这个图形对象摆放到封面处，并添加文字内容，如图 5-212 所示。

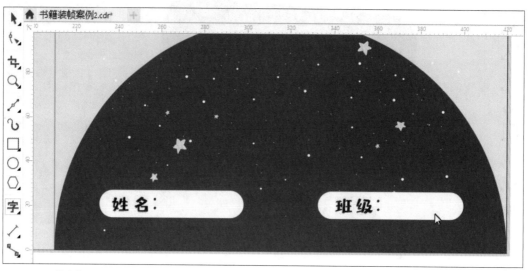

图 5-212   绘制矩形

（15）运用手绘工具配合【Shift】键在封底顶端绘制一些垂直的线段，如图 5-213 所示。

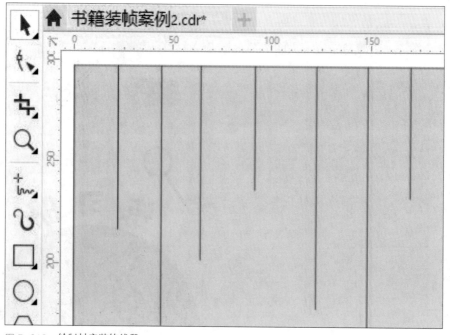

图 5-213   绘制封底装饰线段

（16）切换到形状工具配合【Shift】键将多边形的节点向内拖动，得到五角星图形对象，如图 5-214 所示。

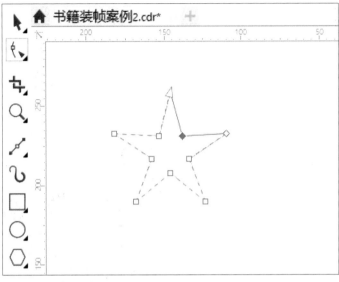

图 5-214　绘制五角星

（17）为五角星填充颜色，加粗轮廓线后复制多个对象放置在垂直线段底部，如图 5-215 所示。

图 5-215　复制并调整五角星位置

（18）添加装饰，丰富封底，最终效果如图 5-216 所示。

图 2-216　儿童练习册

5.4　项目练习

设计一本儿童动物百科全书的封面、封底，设计封面时注意受众对象，以及封面与书的内容的统一性。

参考文献

References

［1］孙芳.中文版 CorelDRAW 图形创意设计与制作全视频实战 228 例［M］.北京：清华大学出版社，2018.

［2］唯美世界.中文版 CorelDRAW 2018 从入门到精通（微课视频版）［M］.北京：水利水电出版社，2019.

［3］科亿尔数码科技 (上海) 有限公司.CorelDRAW X4 中文版标准培训教程［M］.北京：人民邮电出版社，2008.

［4］时代印象.CorelDRAW X7 中文版完全自学宝典［M］.北京：人民邮电出版社，2018.

［5］麓山文化.CorelDRAW X7 平面广告设计 228 例［M］.北京：机械工业出版社，2016.

［6］麓山文化.CorelDRAW X7 平面广告设计经典 108 例［M］.北京：机械工业出版社，2016.

［7］王红卫.新手学 CorelDRAW X8 商业设计 200+［M］.北京：机械工业出版社，2017.

［8］数字艺术教育研究室.CorelDRAW X7 标准培训教程［M］.北京：人民邮电出版社，2018.

［9］赵艳莉.CorelDRAW X6 平面设计与制作项目实训教程［M］.合肥：安徽科学技术出版社，2016.

［10］欧阳可文.中文版 CorelDRAW X8 平面绘图艺术设计精粹［M］.北京：中国青年出版社，2018.